KB243645

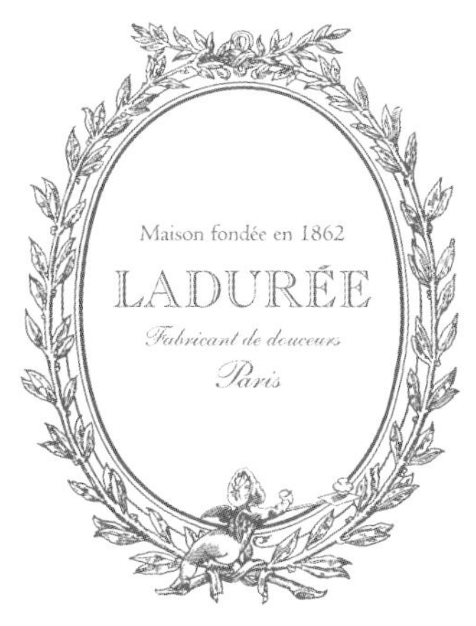

Sucré

라뒤레 디저트 레시피

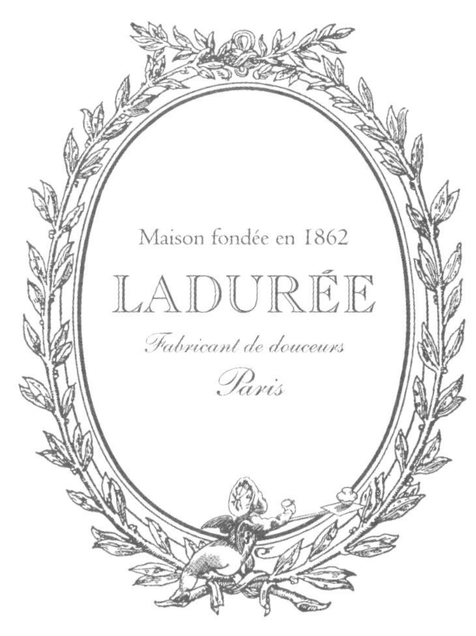

Sucré

라뒤레 디저트 레시피

페이스트리 셰프: 필리프 앙드리외

사진: 소피 트라미에

푸드 스타일링: 크리스텔 아조르주

번역: 정혜승

시공사

라뒤레의 역사

라뒤레의 시작은 1862년으로 거슬러 올라갑니다. 루이 에르네스트 라뒤레Louis Ernest Ladurée가 파리의 한복판 루아얄 거리 16번지에 처음 빵집을 연 때입니다. 당시 라뒤레 베이커리가 자리 잡은 마들렌 성당 주변은 파리에서 가장 우아하고도 중요한 비지니스 구역으로 급성장 중이었고, 프랑스 고급 제품 장인들 역시 이곳 마들렌 주위에 속속 가게를 열었습니다.

한 차례 화재를 겪은 뒤 라뒤레 베이커리는 1872년, 페이스트리 숍으로 재단장해 문을 엽니다. 새 가게의 실내장식은 당시 화가이자 포스터 디자이너로 널리 이름을 알린 쥘 셰레Jules Cheret가 맡았습니다. 20세기 초, 에르네스트 라뒤레의 아내 잔 수샤Jeanne Souchard는 번뜩이는 아이디어 하나를 떠올립니다. 서로 다른 두 장르를 하나로 합쳐보면 어떨까, 즉 파리의 카페 분위기와 페이스트리 숍을 하나의 공간으로 꾸며보면 어떨까 하는 아이디어였습니다. 이렇게 해서 탄생한 곳이 바로 파리의 첫 살롱 드 테Salon de thé(티 살롱)인 라뒤레입니다.

1993년, 데이비드 홀더David Holder는 그의 아버지이자 홀더Holder 그룹의 창시자인 프랜시스 홀더Francis Holder와 함께 라뒤레를 인수합니다. 이를 계기로 라뒤레는 새롭게 태어납니다. 1997년, 샹젤리제 거리에 문을 연 라뒤레는 레스토랑 겸 티 살롱(실내장식은 자크 가르시아Jacque Garcia가 맡음)으로 단장해 파리 미식의 명소로 자리매김합니다. 라뒤레 살롱은 샹젤리제점 오픈을 필두로, 파리의 고급 백화점 프렝탕Printemps과 센 강 좌안에 입성하고, 런던과 제네바, 도쿄에도 숍을 내면서 세계 시장에 데뷔를 하게 됩니다.

이처럼 20년간 데이비드 홀더는 라뒤레를 우아한 품격을 가진 브랜드로 만들어냄과 동시에, 이제는 라뒤레의 상징이 되어버린 마카롱으로 세계적인 명성까지 안겨주었습니다.

라뒤레의 페이스트리 셰프 필리프 앙드리외Philippe Andrieu는 마치 패션 브랜드의 시즌 컬렉션처럼 계절의 흐름에 맞춰 일년에 두 차례, 새로운 맛의 마카롱Macarons, 를리지외즈 Religieuses, 생토노레 Saint Honoré 등을 선보임으로써 라뒤레의 명성을 이어가고 있습니다.

라뒤레의 모토는 미식과 여성스러움에 대한 찬사입니다. 라뒤레의 다채로운 색은 라뒤레의 뛰어난 맛만큼이나 공들여 만들어낸 장인의 산물입니다. 곱고 연한 핑크, 선명한 퍼플, 라뒤레의 아이콘과도 같은 파스텔 그린 등 이 모든 색은 라뒤레의 매력에서 빼놓을 수 없는 요소이자 라뒤레의 서명과도 같습니다.

라뒤레는 자신만의 뚜렷한 목표를 지니고 있습니다. 그것은 바로 벨르 쇼즈Belles Choses, 즉 아름다운 것을 만들자는 것. 라뒤레는 제품 하나하나마다 또 숍 한 곳 한 곳마다 프랑스식 라이프스타일과 개성을 부여함으로써 아름다움을 선사해왔습니다. 음식 트렌드를 좇거나 순간의 디자인에 연연하지 않고, 대를 잇는 맛과 아름다움을 전하겠다는 라뒤레의 정신은 앞으로도 변함없을 것입니다.

• • • • •

LADURÉE
Paris
LADURÉE
LADURÉE
PIERRE FREY
Paris
LADURÉE

Contents

·····

LES MACARONS

마카롱

Macarons Amande
아몬드 마카롱

마카롱 셸
아몬드 간 것(아몬드가루) 2 ¾컵과 1큰술(275g)
슈거파우더 2컵과 1큰술(250g)
달걀흰자 6개+달걀흰자 ½개
백설탕 1컵과 1큰술(210g)
다진 아몬드 1컵(100g)

아몬드 필링
버터 10 ½큰술(150g)
아몬드 페이스트(아몬드 65%) 1 ½컵(320g)
설탕을 가미하지 않은 아몬드 펄프 또는
헤비 크림(더블 크림) 120g
차가운 휘핑크림 ⅓컵(80ml)

조리 도구
지름 10mm 깍지를 끼운 짜주머니

마카롱 셸

I ••• 아몬드 간 것과 슈거파우더를 푸드 프로세서에 넣고 곱게 간다. 덩어리진 곳이 없게 체에 내려 준비한다.

2 ••• 물기 없는 볼에 달걀흰자 6개 분량을 넣고 거품기로 저어 거품을 낸다. 충분한 양의 거품이 올라오면 설탕을 3회에 나눠 넣는데, 준비한 양의 ⅓을 먼저 넣고 설탕이 완전히 녹을 때까지 거품기로 젓는다. 다시 설탕 ⅓을 더해 1분간 잘 젓는다. 남은 설탕 ⅓을 마저 넣고 1분 정도 더 저으면 눈처럼 하얗고 매끄러운 무스 형태가 완성된다. 여기에 체에 내린 아몬드가루와 슈거파우더를 넣어 고무 스패츌러로 조심스레 섞는다. 작은 볼에 남은 ½개 분량의 달걀흰자를 거품 낸 뒤, 반죽에 마저 더해 최대한 거품이 부서지지 않도록 스패츌러로 살살 들어 올려가며 섞는다.

•••

3 ••• 깍지를 끼운 짜주머니에 마카롱 반죽을 옮겨 담는다. 베이킹 시트 위에 유산지
를 깔고 짜주머니를 짜 지름 3~4cm의 마카롱 반죽을 만든다. 기포가 생기지 않게
시트를 톡톡 두드려 마카롱 반죽을 고루 펼친 다음 그 위로 다진 아몬드를 뿌린다.
오븐을 150℃로 예열한다.
베이킹 시트 위의 마카롱 반죽을 아무것도 덮지 말고 10분간 그대로 두었다가 오븐
에 넣는다. 얇고 바삭한 껍질이 생길 때까지 15분 정도 굽는다.

4 ••• 오븐에서 꺼낸 마카롱 셸의 유산지와 시트 사이로 (유산지 네 가장자리를 조심스럽
게 들어) 아주 소량의 물을 붓는다. 뜨거워진 베이킹 시트와 만난 물이 수분과 증기
를 형성해 식은 뒤에 마카롱 셸을 떼어내기가 훨씬 쉽다. 그렇다고 물을 너무 많이
부으면 마카롱 셸이 질척일 수 있으니 조심하자. 마카롱 셸을 충분히 식혀야 한다.
구운 마카롱 셸 중 절반을 껍질 쪽이 바닥으로 가게 엎어 접시 위에 펼쳐둔다.

아몬드 필링

5 ••• 버터를 작게 썬다. 버터를 내열 용기에 담아 전자레인지에 잠깐 돌리거나 물이 가
볍게 끓고 있는 팬에 그릇째 넣고 중탕으로 데워 크림 상태로 만든다. 어느 쪽이든 버
터가 녹아 흐를 정도가 되지 않게 주의한다.
큰 볼을 준비해 아몬드 페이스트와 아몬드 펄프를 섞는다. 차가운 휘핑크림과 부드
러워진 버터를 더한다. 혼합용 날을 장착한 전기 믹서에 옮겨 내용물이 고루 섞일 때
까지 고속으로 돌려준다.

6 ••• 깨끗한 짜주머니에 깍지를 끼우고, 앞서 만든 아몬드 크림을 담는다. 접시 위에 엎
어둔 마카롱 셸에 동전 크기로 아몬드 크림을 짠다. 그 위에 다른 셸로 덮어주면 완성.
완성된 마카롱을 밀폐 용기에 담아 냉장고에 12시간 두었다가 먹는다.

Chef's tip

완성한 마카롱 셸의 표면이 갈라졌거나 금이 갔다면 여기엔 여러 가지 이유가 있을 수 있
다. 재료의 문제이거나, 오븐의 문제 또는 재료를 섞어 반죽을 만드는 과정에서 생긴 문제
일 수도 있다. 하지만 원인이 뭐가 되었든 낙담할 필요는 없다. 표면이 갈라지고 깨졌다 해
도 여러분이 만든 마카롱은 여전히 맛있을 테니 안심하시라! 마카롱은 경험. 여러 번 만들
수록 부드럽고 매끈한 마카롱에 점점 다가가게 될 것이다.

완성한 마카롱은 바로 먹지 말고 냉장고에 하룻밤 넣어두기를 강력히 추천한다. 이 휴지
기간에 재료들 사이에 상호 반응이 일어나 한결 섬세해진 마카롱의 맛과 결을 즐길 수 있
기 때문이다.

Macarons Chocolat
초콜릿 마카롱

초콜릿 가나슈
초콜릿(카카오 매스 최소 70%) 290g
헤비 크림(더블 크림) 1컵과 2큰술(270ml)
버터 4큰술(60g)

마카롱 셸
아몬드 간 것(아몬드가루) 2 ¾컵(260g)
슈거파우더 2컵과 1큰술(250g)
설탕을 가미하지 않은 코코아파우더 2 ¾큰술(15g)

초콜릿(카카오 매스 최소 70%) 65g
달걀흰자 6개+달걀흰자 ½개
백설탕 1컵과 1큰술(210g)

조리 도구
지름 10mm 깍지를 끼운 짜주머니

초콜릿 가나슈

I ··· 초콜릿을 칼로 잘게 다져 큰 볼에 옮겨놓는다. 냄비에 크림을 끓여 초콜릿에 3회에 나눠 부으면서 섞는다. 크림을 부을 때마다 나무 주걱으로 잘 저어 덩어리지지 않고 고른 빛깔이 나게 한다. 여기에 버터를 작게 썰어 넣은 뒤 아주 부드러운 상태가 될 때까지 저으면 기본 가나슈가 완성된 것이다. 베이킹 접시에 펼치고 랩을 씌우는데 가나슈 표면과 랩이 닿게 한다. 가나슈가 식을 때까지만 실온에 두었다가 냉장고로 옮겨 크림 농도가 날 때까지 1시간 정도 굳힌다.

마카롱 셸

2 ··· 아몬드 간 것과 슈거파우더, 코코아파우더를 푸드 프로세서에 넣고 곱게 간다. 덩
어리진 곳이 없게 체에 내려 준비한다.
내열 용기에 초콜릿을 담는다. 전자레인지에 잠시 돌리거나 물이 가볍게 끓고 있는
팬에 그릇째 넣어 초콜릿이 미지근한 온도(35℃ 정도)가 될 때까지 녹인다.

3 ··· 물기를 제거한 깨끗한 볼에 달걀흰자 6개 분량을 넣고 거품기로 저어 거품을 낸
다. 거품이 충분히 올라오면 설탕을 3회에 나눠 넣는데, 준비한 양의 ⅓을 먼저 넣
고 설탕이 완전히 녹을 때까지 젓는다. 다시 설탕 ⅓을 더해 1분간 잘 젓는다. 남은
설탕 ⅓을 마저 넣고 1분 정도 더 저으면 눈처럼 하얗고 매끄러운 무스 형태가 완
성. 여기에 녹여둔 초콜릿을 조심스레 붓는다. 깨끗한 스패출러를 사용해 초콜릿과
가볍게 섞은 뒤 체에 내린 아몬드가루, 슈거파우더, 코코아파우더를 재빨리 부어 접
어주듯 조심스럽게 섞는다. 작은 볼에 남은 ½개 분량의 달걀흰자를 거품 낸 뒤, 반
죽에 마저 넣어 최대한 거품이 부서지지 않도록 스패출러로 살살 들어 올려 섞는다.

4 ··· 깍지를 끼운 짜주머니에 마카롱 반죽을 옮겨 담는다. 베이킹 시트 위에 유산지를
깐 뒤 짜주머니를 짜서 지름 3~4cm의 마카롱 반죽을 만든다. 기포가 생기지 않게
시트를 톡톡 두드려 마카롱 반죽을 고루 펼친다.
오븐을 150℃로 예열한다.
베이킹 시트 위의 마카롱을 아무것도 덮지 말고 10분간 그대로 두었다가 오븐에 넣
는다. 얇고 바삭한 껍질이 생길 때까지 15분 정도 굽는다.

5 ••• 오븐에서 꺼낸 마카롱의 유산지와 시트 사이로 (유산지 네 가장자리를 조심스럽게 들어) 아주 소량의 물을 붓는다. 뜨거워진 베이킹 시트와 만난 물이 수분과 증기를 형성해 식은 뒤에 마카롱 셸을 떼어내기가 훨씬 쉽다. 그렇다고 물을 너무 많이 부으면 마카롱 셸이 질척일 수 있으니 조심하자. 마카롱 셸을 충분히 식히는 것이 좋다. 구운 마카롱 셸 중 절반을 껍질 쪽이 바닥으로 가게 엎어 접시 위에 펼친다.

6 ••• 크림 농도로 굳은 초콜릿 가나슈를 깍지를 끼운 깨끗한 짜주머니에 옮겨 담는다. 엎어둔 마카롱 셸에 동전 크기로 가나슈를 짠 뒤 다른 셸로 덮어 완성한다. 완성된 마카롱을 밀폐 용기에 담아 냉장고에 12시간 두었다가 먹는다.

Chef's tip

완성한 마카롱 셸의 표면이 갈라졌거나 금이 갔다면 여기엔 여러 가지 이유가 있을 수 있다. 재료의 문제이거나, 오븐의 문제 또는 재료를 섞어 반죽을 만드는 과정에서 생긴 문제일 수도 있다. 하지만 원인이 뭐가 되었든 낙담할 필요는 없다. 표면이 갈라지고 깨졌다 해도 여러분이 만든 마카롱은 여전히 맛있을 테니 안심하시라! 마카롱은 경험. 여러 번 만들수록 부드럽고 매끈한 마카롱에 점점 다가가게 될 것이다.

완성한 마카롱은 바로 먹지 말고 냉장고에 하룻밤 넣어두기를 강력히 추천한다. 이 휴지 기간에 재료들 사이에 상호 반응이 일어나 한결 섬세해진 마카롱의 맛과 결을 즐길 수 있기 때문이다.

Macarons Citron
레몬 마카롱

레몬 크림
백설탕 ¾컵과 1큰술(160g)
레몬 제스트 2작은술(5g)
옥수수 전분(옥수수가루) 2작은술(5g)
달걀 3개
레몬주스 ½컵(110ml)
실온에 둔 버터 1컵(235g)

마카롱 셸
아몬드 간 것(아몬드가루) 2 ¾컵과 1큰술(275g)
슈거파우더 2컵과 1큰술(250g)
달걀흰자 6개 + 달걀흰자 ½개
백설탕 1컵과 1큰술(210g)
노란색 식용색소 몇 방울

조리 도구
지름 10mm 깍지를 끼운 짜주머니

레몬 크림

1 ••• 레몬 크림은 하루 전에 만든다.

볼에 설탕과 레몬 제스트를 넣어 섞는다. 거기에 옥수수 전분을 더한 뒤 달걀을 하나씩 넣어가며 섞고 레몬주스도 넣어 섞는다. 이렇게 만든 반죽을 냄비에 붓고 약한 불에 올린다. 스패출러로 저어가며 크림이 되직하게 될 때까지 끓인다.

2 ••• 냄비를 불에서 내려 크림에서 열기만 살짝 빠지게 10분 정도 둔다. 여전히 뜨겁지만 손이 델 정도는 아닌 60℃ 정도까지 식힌 다음 버터를 넣는다. 블렌더나 푸드 프로세서를 사용해 크림과 버터가 하나로 녹아들도록 고루 잘 섞는다.
밀폐 용기에 담아 냉장고에 최소 12시간 이상 두며 레몬 크림을 굳힌다.

•••

마카롱 셸

3 ••· 아몬드 간 것과 슈거파우더를 푸드 프로세서에 넣고 곱게 간다. 덩어리진 곳이 없게 체에 내려 준비한다.

4 ••· 물기를 제거한 깨끗한 볼에 달걀흰자 6개 분량을 넣고 거품기로 저어 거품을 낸다. 충분한 양의 거품이 올라오면 설탕을 3회에 나눠 넣는데, 준비한 양의 $\frac{1}{3}$을 먼저 넣고 설탕이 완전히 녹을 때까지 젓는다. 다시 설탕 $\frac{1}{3}$을 더해 1분간 잘 젓는다. 남은 설탕 $\frac{1}{3}$을 마저 넣고 1분 정도 더 저으면 눈처럼 하얗고 매끄러운 무스 형태가 완성. 여기에 체에 걸러 준비해둔 아몬드가루와 슈거파우더를 깨끗한 고무 스패츌러로 조심스레 섞는다. 식용색소를 떨어뜨려 원하는 색 농도로 맞춘다. 작은 볼에 남은 $\frac{1}{2}$개 분량의 달걀흰자를 거품 낸 뒤, 반죽에 마저 넣고 최대한 거품이 부서지지 않도록 스패츌러로 살살 들어 올려 섞는다.

5 ••· 깍지를 끼운 짜주머니에 마카롱 반죽을 옮겨 담는다. 베이킹 시트 위에 유산지를 깐 뒤 짜주머니를 짜서 지름 3~4cm의 마카롱 반죽을 만든다. 기포가 생기지 않게 시트를 톡톡 두드려 마카롱 반죽을 고루 펼친다.
오븐을 150℃로 예열한다.
베이킹 시트 위의 마카롱을 아무것도 덮지 말고 10분간 그대로 두었다가 오븐에 넣는다. 얇고 바삭한 껍질이 생길 때까지 15분 정도 굽는다.

6 ••• 오븐에서 꺼낸 마카롱의 유산지와 시트 사이로 (유산지 네 가장자리를 조심스럽게 들어) 아주 소량의 물을 붓는다. 뜨거워진 베이킹 시트와 만난 물이 수분과 증기를 형성해 식은 뒤에 마카롱 셸을 떼어내기가 훨씬 쉽다. 그렇다고 물을 너무 많이 부으면 마카롱 셸이 질척일 수 있으니 조심하자. 마카롱 셸을 충분히 식히는 것이 좋다. 구운 마카롱 셸 중 절반을 껍질 쪽이 바닥으로 가게 엎어 접시 위에 펼쳐둔다.

7 ••• 깨끗한 짜주머니에 깍지를 끼우고 레몬 크림을 담는다. 엎어둔 마카롱 셸에 동전만 한 크기로 레몬 크림을 짠다. 다른 셸로 덮어주면 완성.
완성된 마카롱을 밀폐 용기에 담아 냉장고에 12시간 두었다가 먹는다.

Chef's tip
완성한 마카롱 셸의 표면이 갈라졌거나 금이 갔다면 여기엔 여러 가지 이유가 있을 수 있다. 재료의 문제이거나, 오븐의 문제 또는 재료를 섞어 반죽을 만드는 과정에서 생긴 문제일 수도 있다. 하지만 원인이 뭐가 되었든 낙담할 필요는 없다. 표면이 갈라지고 깨졌다 해도 여러분이 만든 마카롱은 여전히 맛있을 테니 안심하시라! 마카롱은 경험. 여러 번 만들수록 부드럽고 매끈한 마카롱에 점점 다가가게 될 것이다.

완성한 마카롱은 바로 먹지 말고 냉장고에 하룻밤 넣어두기를 강력히 추천한다. 이 휴지 기간에 재료들 사이에 상호 반응이 일어나 한결 섬세해진 마카롱의 맛과 결을 즐길 수 있기 때문이다.

Macarons Framboise
라즈베리 마카롱

라즈베리 잼
백설탕 1컵과 2큰술(225g)
펙틴 분말 2작은술
신선한 라즈베리 3컵(375g)
레몬 ½개

마카롱 셸
아몬드 간 것(아몬드가루) 2 ¾컵과 1큰술(275g)

슈거파우더 2컵과 1큰술(250g)
달걀흰자 6개+달걀흰자 ½개
백설탕 1컵과 1큰술(210g)
빨간색 식용색소 몇 방울

조리 도구
지름 10mm 깍지를 끼운 짜주머니

라즈베리 잼

I •• 큰 볼에 설탕과 펙틴을 넣고 섞는다.
냄비에 라즈베리를 담고 핸드 블렌더를 사용해 퓌레 상태로 만든다. 냄비를 약한 불에
올려 퓌레가 미지근해질 때까지 데운다. 섞어놓은 설탕과 펙틴을 넣고 레몬을 짠 즙도
넣는다. 중간 불에 올려 끓어오르면 2분만 더 두었다 불을 끈다.

2 •• 잼을 큰 볼에 옮겨 랩으로 감싼다. 완전히 식을 때까지 기다렸다가 냉장고에 넣
는다.

마카롱 셸

3 •• 아몬드 간 것과 슈거파우더를 푸드 프로세서에 넣고 곱게 간다. 덩어리진 곳이
없게 체에 내려 준비한다.

•••

4 ••• 물기를 제거한 깨끗한 볼에 달걀흰자 6개 분량을 넣고 거품기로 저어 거품을 낸
다. 충분한 양의 거품이 올라오면 설탕을 3회에 나눠 넣는데, 준비한 양의 ⅓을 먼
저 넣고 설탕이 완전히 녹을 때까지 젓는다. 다시 설탕 ⅓을 더해 1분간 잘 젓는다.
남은 설탕 ⅓을 마저 넣고 1분 정도 더 저으면 눈처럼 하얗고 매끄러운 무스 형태가
완성. 여기에 체에 내려 준비해둔 아몬드가루와 슈거파우더를 깨끗한 고무 스패출
러로 조심스레 섞는다. 식용색소를 떨어뜨려 원하는 색 농도로 맞춘다. 작은 볼에
남은 ½개 분량의 달걀흰자를 거품 낸 뒤, 반죽에 마저 넣고 최대한 거품이 부서지
지 않도록 스패출러로 살살 들어 올려 섞는다.

5 ••• 깍지를 끼운 짜주머니에 마카롱 반죽을 옮겨 담는다. 베이킹 시트 위에 유산지를
깐 뒤 짜주머니를 짜서 지름 3~4cm의 마카롱 반죽을 만든다. 기포가 생기지 않게 시
트를 톡톡 두드려 마카롱 반죽을 고루 펼친다.
오븐을 150℃로 예열한다.
베이킹 시트 위의 마카롱을 아무것도 덮지 말고 10분간 그대로 두었다가 오븐에 넣
는다. 얇고 바삭한 껍질이 생길 때까지 15분 정도 굽는다.

6 ••• 오븐에서 꺼낸 마카롱의 유산지와 시트 사이로 (유산지 네 가장자리를 조심스럽게 들
어) 아주 소량의 물을 붓는다. 뜨거워진 베이킹 시트와 만난 물이 수분과 증기를 형성
해 식은 뒤에 마카롱 셸을 떼어내기가 훨씬 쉽다. 그렇다고 물을 너무 많이 부으면 마

카롱 셸이 질척일 수 있으니 조심하자. 마카롱 셸을 충분히 식히는 것이 좋다. 구운 마카롱 셸 중 절반을 껍질 쪽이 바닥으로 가게 엎어 접시 위에 펼쳐둔다.

7 ••• 깨끗한 짜주머니에 깍지를 끼우고 라즈베리 잼을 담는다. 엎어둔 마카롱 셸에 동전 크기로 잼을 짠 뒤 다른 셸로 덮어주면 완성.
완성된 마카롱을 밀폐 용기에 담아 냉장고에 12시간 두었다가 먹는다.

Chef's tip

완성한 마카롱 셸의 표면이 갈라졌거나 금이 갔다면 여기엔 여러 가지 이유가 있을 수 있다. 재료의 문제이거나, 오븐의 문제 또는 재료를 섞어 반죽을 만드는 과정에서 생긴 문제일 수도 있다. 하지만 원인이 뭐가 되었든 낙담할 필요는 없다. 표면이 갈라지고 깨졌다 해도 여러분이 만든 마카롱은 여전히 맛있을 테니 안심하시라! 마카롱은 경험. 여러 번 만들수록 부드럽고 매끈한 마카롱에 점점 다가가게 될 것이다.

완성한 마카롱은 바로 먹지 말고 냉장고에 하룻밤 넣어두기를 강력히 추천한다. 이 휴지 기간에 재료들 사이에 상호 반응이 일어나 한결 섬세해진 마카롱의 맛과 결을 즐길 수 있기 때문이다.

LES PETITS GÂTEAUX

미니 케이크

Savarins
사바랭

바바 도우
생 이스트 12g
물 2큰술(20g)
케이크용 밀가루 2컵(250g)
천일염 약간
백설탕 1 ¼큰술(15g)
달걀 4개
버터 5큰술(75g)+몰드에 바를 버터 1 ½큰술

럼 시럽
물 4 ¼컵(1L)
백설탕 1 ¼컵(250g)
레몬(껍질의 왁스를 제거한 것) 1개
오렌지(껍질의 왁스를 제거한 것) 1개

바닐라빈 1개
숙성된 럼 ½컵(120ml) + 마지막 장식 용도의 숙성된
럼 ½컵(125ml)

샹티이 크림
샹티이 크림 2 ¾컵(325g): 기본 레시피 페이지 참조

장식을 위한 제철 과일 약간

조리 도구
지름 7cm의 원형 사바랭 몰드
짜주머니(깍지 없이)
지름 10mm 별 모양 깍지를 끼운 짜주머니

바바 도우

I ••• 버터를 작게 썰어 실온에서 부드러운 상태를 만든다.
이스트는 손으로 잘게 부셔 실온의 물에 풀어놓는다. 큰 볼에 밀가루, 소금, 설탕을
붓고 이스트, 달걀 2개를 넣어 나무 주걱으로 섞는데, 반죽이 볼 옆면에 눌어붙지 않
을 때까지 섞는다. 달걀 1개를 더 넣고 이번엔 손으로 반죽하는데, 마찬가지로 반죽
이 볼에 눌어붙지 않을 때까지 한다. 남은 달걀 1개를 마저 넣고 같은 방법으로 반죽
한다. 부드러워진 버터를 더해 반죽이 볼에서 떨어질 때까지 마저 치댄다.

•••

2 ••• 바바 도우는 깨끗한 면포나 행주를 적셔 덮거나 랩으로 덮어둔다. 도우가 2배로 부풀어 오를 때까지 1시간 정도 실온에 둔다.

3 ••• 오븐을 170℃로 예열한다.
몰드에 버터를 바른다. 깍지를 끼우지 않은 짜주머니에 도우를 옮겨 담고 몰드에 도우를 짠다. 몰드 높이까지 반죽이 2배로 부풀어 오르기를 기다린다. 오븐에 넣고 20분간 굽는다.

럼 시럽

4 ••• 냄비에 물과 설탕을 붓는다. 채소용 필러로 얇게 벗겨 레몬과 오렌지 제스트를 만든다(껍질 안쪽의 흰 부분이 들어가면 씁쓸한 맛을 내니 주의할 것). 레몬과 오렌지의 즙을 짜둔다. 날카로운 칼로 바닐라빈을 길게 가른 뒤 칼끝으로 빈 안쪽을 긁어내 바닐라 씨를 얻는다. 물과 설탕이 담긴 냄비에 바닐라빈 꼬투리와 바닐라 씨, 레몬즙과 오렌지즙을 넣어 약한 불에 끓인다. 불에서 내린 뒤 고운 체에 내려 건더기를 제거한 뒤 럼을 더한다.

5 ••• 여러 개의 사바랭이 들어갈 만한 넉넉한 사이즈의 베이킹 접시에 럼 시럽을 붓는다. 구워낸 사바랭을 럼 시럽에 굴려가며 위아래 고루 묻힌다. 널찍한 접시에 식힘망을 놓고 그 위에 사바랭을 올린다. 남은 럼 시럽을 다시 데워 뜨거울 때 사바랭 위로 몇 차례 부어준 다음 충분히 식힌다.

마무리

6 ••• 접시에 사바랭을 놓고 럼을 충분히 뿌린다. 별 모양 깍지를 끼운 짜주머니를 이용해 샹티이 크림을 각각의 사바랭 위에 짠 뒤 신선한 제철 과일을 올려 장식한다.

Barquettes aux Marrons
밤 바르케트

바르케트 셸을 만들 스위트 아몬드 페이스트리
도우 200g: 기본 레시피 페이지 참조
몰드에 바를 버터 2큰술
작업대에 뿌릴 다목적 밀가루 2 ½큰술

아몬드 크림
아몬드 크림 150g: 기본 레시피 페이지 참조

밤 크림
버터 7큰술(100g)
밤 페이스트 200g
다크 럼 1큰술
헤비 크림(더블 크림) 2 ½큰술(40ml)

마무리
다크 럼 2큰술
밤 속살 80g

밀크 초콜릿 글레이즈
밀크 초콜릿 125g
헤비 크림(더블 크림) ⅓ 컵(75ml)

조리 도구
바르케트 몰드(9×4cm)
지름 10mm 깍지를 끼운 짜주머니
지름 3mm 별 모양 깍지를 끼운 짜주머니
밀대
페이스트리 붓

바르케트 셸을 만들 스위트 아몬드 페이스트리

I ••• 반죽은 하루 전에 미리 만들어 놓는다(기본 레시피 참조).
작은 냄비를 약한 불에 올리고 버터를 넣어 녹인다. 페이스트리 붓으로 몰드 안쪽에
버터를 바른 다음 냉장고에 넣어둔다.

•••

2 •·· 작업대에 밀가루를 뿌린 다음 하루 전에 만든 반죽을 꺼내 작업대에 펼치고 2mm
두께로 밀어 몰드 모양에 맞춰 올린다. 반죽을 조금 떼 밀가루를 묻힌 뒤 그것으로
몰드 안쪽에서 눌러가며 반죽이 몰드 구석구석 잘 밀착되게 한다. 밀대를 몰드 위
쪽으로 쭉 밀어 여분의 반죽이 떨어져 나가게 한다. 냉장고에 1시간 정도 넣어둔다.

아몬드 크림

3 •·· 오븐을 170℃로 예열한다.
아몬드 크림을 준비한다(기본 레시피 참조).
아몬드 크림을 기본 깍지를 끼운 짜주머니에 담고, 2번 과정에서 만든 바르케트 셸
안에 짜 넣는데, 셸 높이에 2mm 정도 못 미치게 채운다.
오븐에 넣고 금빛이 돌 때까지 30분 정도 굽는다.
오븐에서 꺼내 완전히 식힌 뒤 몰드에서 꺼낸다.

밤 크림

4 •·· 버터를 잘게 썬다. 버터를 내열 용기에 담아 전자레인지에 잠깐 돌리거나 물이
가볍게 끓고 있는 팬에 그릇째 넣고 중탕으로 데워 크림 상태로 만든다. 버터가 녹아
흐를 정도가 되지 않게 주의한다.
큰 볼에 밤 페이스트를 담아 고르게 섞는다. 럼과 부드러워진 버터를 더한다. 혼합
용 날을 장착한 전기 믹서에 옮겨 담아 고속으로 고루 섞는다. 헤비 크림을 부어 마
저 섞는다. 곧바로 5번 과정에 들어간다.

마무리

5 ••• 페이스트리 붓에 럼을 발라 구운 아몬드 크림 표면을 살살 적신다. 끝 부분이 잘
휘는 팔레트 나이프(또는 손잡이 앞부분이 L자 형태로 꺾여 편리한 오프셋 스패출러)를 이
용해 소량의 밤 크림을 아몬드 크림 위에 올린다. 각각의 페이스트리마다 부서뜨린
밤 조각 3~4개씩을 올린다. 팔레트 나이프로 밤 크림을 발라 마무리하는데, 기본 형
태를 잘 유지하면서 위쪽으로 선명한 능선이 잘 드러나게 바른다. 30분 정도 얼린다.

밀크 초콜릿 글레이즈

6 ••• 도마에 밀크 초콜릿을 올려놓고 칼로 잘 다진다.
냄비에 헤비 크림을 끓이다가 다진 초콜릿을 넣고 조심스럽게 저어 녹이면 밀크 초콜
릿 글레이즈 완성. 미지근한 온도가 될 때까지 식기를 기다렸다가 팔레트 나이프를
이용해 바르케트에 글레이즈 옷을 입힌다.
별 모양 깍지를 끼운 짜주머니에 남은 밤 크림을 넣고 바르케트의 두드러진 능선 위
로 가늘게 짜서 장식을 완성한다.

Éclairs Vanille
바닐라 에클레르

에클레르 위에 얹을 바삭한 사블레 페이스트리
아주 차가운 버터 7큰술(100g)+베이킹 시트에 바를
버터 1 ½큰술
케이크용 밀가루 1컵(125g)
백설탕 ½컵과 2큰술(125g)
바닐라파우더 약간(또는 바닐라 엑스트랙 약간)

부드럽게 만든 페이스트리 크림
페이스트리 크림 5컵(600g): 기본 레시피 페이지 참조
헤비 크림(더블 크림) ½컵(125ml)

에클레르
슈 페이스트리: 기본 레시피 페이지 참조
베이킹 시트에 바를 버터 1 ½큰술

장식용으로 뿌릴 슈거파우더

조리 도구
밀대
지름 10mm 깍지를 끼운 짜주머니
지름 8mm 깍지를 끼운 짜주머니

에클레르 위에 얹을 바삭한 사블레 페이스트리

1 ··· 차가운 버터를 잘게 자른다. 큰 볼에 밀가루, 설탕, 바닐라파우더, 버터를 넣고 한 데 섞는다. 제과용 반죽기가 있다면 나뭇잎 모양을 닮은 혼합용 날(역주: 공기를 포집하지 않는 반죽에 사용)을 끼워 반죽을 만들어도 좋다. 냉장고에 1시간 둔다.

2 ··· 2장의 유산지 사이에 반죽을 넣고 밀대로 가능한 한 얇게(1mm 정도) 민다. 유산지째 트레이에 옮겨 냉장고에 1시간 두거나 또는 단단해질 때까지 냉동고에서 얼린다. 위쪽 유산지를 벗겨낸 뒤 12×2cm의 직사각형 띠 모양으로 자른다. 아래쪽은 유산지를 깐 채로 트레이를 다시 냉장고에 넣는다. 이렇게 하면 나중에 페이스트리 띠를 떼어내 에클레르에 올릴 때 수월하다.

페이스트리 크림

3 ••• 페이스트리 크림을 만들어(기본 레시피 참조) 냉장고에 넣어둔다.

에클레르

4 ••• 슈 페이스트리를 준비한다(기본 레시피 참조). 오븐을 180℃로 예열한다.
반죽을 지름 10mm 깍지를 끼운 짜주머니에 옮겨 담고 버터를 바른 베이킹 시트 위
에 12cm 길쭉한 띠 모양으로 짠다. 일정한 크기, 일직선이 되도록 힘 조절에 유의한
다. 그 위로 차가워진 사블레 페이스트리 띠를 올린다.

5 ••• 오븐에 넣어 굽는다. 8~10분 뒤 슈가 부풀어 오르면 오븐 문을 2~3mm 정도로
아주 조금만 열어 스팀이 빠져나가게 한다. 문을 살짝 열어둔 채로 30분 정도, 금빛
이 돌 때까지 굽는다(문 사이에 나무 주걱을 끼워두면 편하다).
에클레르를 오븐에서 꺼내 식힘망에 올려놓고 식힌다.

부드럽게 만든 페이스트리 크림

6 ••• 헤비 크림은 사용 직전까지 냉장고에 둔다. 큰 믹싱 볼을 냉동실에 넣어 차게 만
든 뒤 헤비 크림을 붓고 힘차게 저어 단단하고 되직한 상태로 만든다. 볼 하나를 더
준비해 냉장고에 둔 페이스트리 크림을 넣고 덩어리 없이 부드러워질 때까지 고루
젓는다. 고무 스패츌러를 이용해 헤비 크림을 페이스트리 크림에 넣고 살살 섞는다.

필링

7 ••• 8mm 깍지의 뾰족한 곳을 이용해 각각의 에클레르 바닥에 3개씩 구멍을 낸다. 중
앙에 하나, 다른 두 곳은 거기서 2cm 간격으로 구멍 낸다. 구멍은 바닥 쪽이고, 사블
레 페이스트리 띠는 에클레르의 상단에 오는 것을 다시 한 번 확인하자. 이번엔 8mm
깍지를 짜주머니에 끼워 부드럽게 만들어놓은 페이스트리 크림을 담는다. 이제 잘
식힌 에클레르의 속을 채우는 단계. 3개의 구멍을 통해 짜주머니 속 크림을 짜 넣으
면 완성이다. 에클레르 위에 슈거파우더를 뿌려 장식한다.

Éclairs Chocolat
초콜릿 에클레르

에클레르
슈 페이스트리: 기본 레시피 페이지 참조
베이킹 시트에 바를 버터 1 ½큰술

초콜릿 페이스트리 크림
페이스트리 크림 3 ¾컵(450g): 기본 레시피 페이지
참조
초콜릿(카카오 매스 70%) 120g
지방을 빼지 않은 전유(全乳) ¾컵과 1 ½큰술(200ml)

초콜릿 퐁당
제과용 화이트 퐁당 200g
초콜릿(카카오 매스 80%) 70g
물 1큰술
백설탕 ⅓컵(60g)

조리 도구
밀대
지름 10mm 깍지를 끼운 짜주머니
지름 8mm 깍지를 끼운 짜주머니

페이스트리 크림

1 ••• 페이스트리 크림을 만들어(기본 레시피 참조) 냉장고에 넣어둔다.

에클레르

2 ••• 슈 페이스트리를 만든다(기본 레시피 참조).
오븐을 180℃로 예열한다.
지름 10mm 깍지를 끼운 짜주머니에 반죽을 담는다. 버터를 바른 베이킹 시트 위에
12cm 긴 띠 모양이 되게 짠다. 일정한 크기, 일직선이 되도록 힘 조절에 유의한다.

3 ••• 오븐에 넣어 굽는다. 8~10분 뒤 슈가 부풀어 오르면 오븐 문을 2~3mm 정도로
아주 조금만 열어 스팀이 빠져나가게 한다. 문을 살짝 열어둔 채로 30분 정도, 금빛
이 돌 때까지 굽는다(문 사이에 나무 주걱을 끼워두면 편하다).
에클레르를 오븐에서 꺼내 식힘망에 올려놓고 식힌다.

초콜릿 페이스트리 크림

4 ‥ 페이스트리 크림을 냉장고에서 꺼내 큰 볼에 붓고 거품기로 저어 덩어리진 곳이
없이 부드러운 상태로 만든다.
도마에 초콜릿을 놓고 잘게 다진 뒤 또 다른 큰 볼에 담는다. 냄비에 우유를 끓인 뒤
초콜릿에 붓고 잘 저어 섞는다. 페이스트리 크림을 한 번 더 저어 부드러운 상태를
확인한 뒤 우유와 초콜릿의 혼합물(가나슈) 위로 부어 고루 하나가 되도록 잘 섞는다.
단단해지도록 냉장고에 30분 정도 둔다.

필링

5 ‥ 깍지의 뾰족한 곳을 이용해 각각의 에클레르 바닥에 3개씩 구멍을 낸다. 중앙에
하나, 다른 두 곳은 거기서 2cm 간격으로 구멍을 낸다. 이번엔 8mm 깍지를 짜주머
니에 끼워 초콜릿 페이스트리 크림을 담는다. 3개의 구멍을 통해 에클레르에 초콜
릿 크림을 채워넣는다.

초콜릿 퐁당

6 ‥ 화이트 퐁당을 내열 용기에 담는다. 물이 가볍게 끓고 있는 팬에 그릇째 넣어 중
탕으로 녹이는데, 중간중간 저어가며 부드러운 상태로 만든다.
그동안 도마에 초콜릿을 놓고 잘게 다져 또 다른 내열 용기에 담는다. 화이트 퐁당
이 미지근해지면 팬에서 퐁당 용기는 꺼내고 초콜릿 용기를 넣어 중탕으로 녹인다.
냄비에 물과 설탕을 넣고 끓여 시럽을 만든다.
부드러워진 퐁당과 녹인 초콜릿을 합쳐 섞는다.
거기에 시럽을 더해 부드러운 상태가 될 때까지 잘 저으면 초콜릿 글레이즈 완성.
에클레르의 윗면을 글레이즈에 잠깐 담갔다 꺼내어 굳힌다.

Choux à la Rose
장미 슈크림

슈

슈 페이스트리: 기본 레시피 페이지 참조
베이킹 시트에 바를 버터 1 ½큰술

장미 페이스트리 크림

페이스트리 크림 3 ⅓컵(400g): 기본 레시피 페이지
참조
장미수 1큰술
장미 시럽 2큰술
천연 장미 에센셜 오일 3방울

장미 퐁당

화이트 초콜릿 80g

제과용 화이트 퐁당 120g
장미 시럽 5큰술
천연 장미 에센셜 오일 4방울
빨간색 식용색소 몇 방울

장식용 라즈베리 25~30개

조리 도구

밀대
지름 10mm 깍지를 끼운 짜주머니
지름 8mm 깍지를 끼운 짜주머니

페이스트리 크림

1 ••• 페이스트리 크림을 만들어(기본 레시피 참조) 냉장고에 넣어둔다.

슈

2 ••• 슈 페이스트리를 만든다(기본 레시피 참조).
오븐을 180℃로 예열한다.
10mm 기본 깍지를 끼운 짜주머니에 반죽을 옮겨 담는다. 버터를 바른 베이킹 시트
위에 지름 4cm 원형으로 짠다.

•••

3 ••• 오븐에 넣어 굽는다. 8~10분 뒤 슈가 부풀어 오르면 오븐 문을 2~3mm 정도로 아주 조금만 열어 스팀이 빠져나가게 한다. 문을 살짝 열어둔 채로 30분 정도, 금빛이 돌 때까지 굽는다(문 사이에 나무 주걱을 끼워두면 편하다).
슈를 오븐에서 꺼내 식힘망에 올려놓고 식힌다.

장미 페이스트리 크림

4 ••• 페이스트리 크림을 냉장고에서 꺼낸다. 큰 볼에 붓고 거품기로 저어 덩어리진 곳이 없이 부드럽게 만든 뒤 장미수와 장미 시럽, 장미 에센셜 오일을 더한다.

필링

5 ••• 8mm 깍지의 뾰족한 곳을 이용해 각각의 슈 바닥에 구멍을 하나씩 낸다.
이번엔 8mm 깍지를 짜주머니에 끼워 장미 페이스트리 크림을 담는다. 슈 바닥 쪽 구멍을 통해 크림을 채워넣는다.

장미 퐁당

6 ••• 화이트 초콜릿을 내열 용기에 담는다. 물이 가볍게 끓고 있는 팬에 그릇째 넣어 중탕으로 가열하거나 전자레인지에 넣어 중간 세기로 가열한다.
냄비에 장미 시럽, 장미 에센셜 오일과 함께 화이트 퐁당을 담아 미지근하게 데운다. 거기에 녹인 화이트 초콜릿을 넣는다. 식용색소를 넣어 원하는 색 농도로 맞춘다. 부드럽게 섞일 때까지 저어주면 장미 글레이즈 완성.
슈의 윗면을 글레이즈에 잠깐 담갔다 꺼낸 뒤 라즈베리를 올려 장식한다. 완성된 장미 슈크림은 굳어 자리 잡을 때까지 냉장고에 넣어둔다.

Salambos à la Pistache
피스타치오 살랑보

살랑보
슈 페이스트리: 기본 레시피 페이지 참조
베이킹 시트에 바를 버터 1 ½큰술

피스타치오 페이스트리 크림
페이스트리 크림 3 ⅓컵(400g): 기본 레시피 페이지
참조
피스타치오 페이스트 1 ½큰술(25g)

피스타치오 퐁당
제과용 화이트 퐁당 125g
물 1큰술

피스타치오 페이스트 2큰술(30g)
화이트 초콜릿 80g

장식을 위한 껍질 깐 피스타치오 약간

조리 도구
지름 10mm 깍지를 끼운 짜주머니
지름 8mm 깍지를 끼운 짜주머니

페이스트리 크림

I ••• 페이스트리 크림을 만들어(기본 레시피 참조) 냉장고에 넣어둔다.

살랑보

2 ••• 슈 페이스트리를 만든다(기본 레시피 참조).

오븐을 180℃로 예열한다.

10mm 기본 깍지를 끼운 짜주머니에 반죽을 옮겨 담는다. 버터를 바른 베이킹 시트
위에 6cm 띠 모양으로 짠다.

•••

3 ·· 오븐에 넣어 굽는다. 8~10분 뒤 슈가 부풀어 오르면 오븐 문을 2~3mm 정도로
아주 조금만 열어 스팀이 빠져나가게 한다. 문을 살짝 열어둔 채로 30분 정도, 금빛
이 돌 때까지 굽는다(문 사이에 나무 주걱을 끼워두면 편하다).
살랑보 슈를 오븐에서 꺼내 식힘망에 올려놓고 식힌다.

피스타치오 페이스트리 크림

4 ·· 페이스트리 크림을 냉장고에서 꺼낸다. 거품기로 저어 덩어리진 곳이 없이 부드
럽게 만든 뒤 피스타치오 페이스트를 더한다.

필링

5 ·· 8mm 깍지의 뾰족한 곳을 이용해 살랑보 슈 바닥에 구멍을 하나씩 낸다.
이번엔 8mm 깍지를 짜주머니에 끼워 피스타치오 페이스트리 크림을 담는다. 구멍
을 통해 살랑보에 크림을 채워넣는다.

피스타치오 퐁당

6 ·· 화이트 초콜릿을 내열 용기에 담는다. 물이 가볍게 끓고 있는 팬에 중탕으로 가
열하거나 전자레인지에 넣어 중간 세기로 가열한다. 냄비에 물과 화이트 퐁당을 넣
어 미지근하게 데운다. 거기에 피스타치오 페이스트와 녹인 화이트 초콜릿을 넣는
다. 부드럽게 섞일 때까지 저어주면 피스타치오 글레이즈 완성.
살랑보 슈 윗면을 글레이즈에 잠깐 담갔다 꺼낸 뒤 피스타치오를 올려 장식한다. 완
성된 살랑보는 굳어 자리 잡을 때까지 냉장고에 넣어둔다.

Millefeuilles Fraise ou Framboise
딸기(또는 라즈베리) 밀푀유

캐러멜화한 퍼프 페이스트리
기본 레시피 페이지 참조

바닐라 무슬린 크림
버터 9큰술(125g)
바닐라빈 1개
지방을 빼지 않은 전유(全乳) 1컵과 1큰술(250ml)
달걀노른자 2개 분량

백설탕 ⅓컵과 1큰술(75g)
옥수수 전분(옥수수가루) 3큰술(25g)

딸기 또는 라즈베리 500g

조리 도구
지름 10mm 깍지를 끼운 짜주머니

캐러멜화한 퍼프 페이스트리

1 ••• 9×5cm 직사각형이 24개 나올 양의 퍼프 페이스트리를 준비한다(기본 레시피 참조).

바닐라 무슬린 크림

2 ••• 버터는 실온에 꺼내둔다.
날카로운 칼로 바닐라빈을 길게 가른 뒤 칼끝으로 빈 안쪽을 긁어내 바닐라 씨를 얻는다. 냄비에 우유를 붓고 바닐라빈 꼬투리와 바닐라 씨를 넣어 약한 불에 끓인다. 불에서 내리고 곧바로 뚜껑을 덮어 15분간 더 우러나게 둔다.

3 ••• 큰 볼에 달걀노른자와 설탕을 넣고 색이 옅어질 때까지 거품기로 잘 젓는다. 옥수수 전분을 더한다. 우유 냄비에서 바닐라빈 꼬투리를 제거하고 다시 약한 불에 올려 끓인다. 냄비 속 뜨거운 우유 중 ⅓(이 방법은 노른자를 '단련시킨다temper'라고 부르는데 뜨거운 것을 한꺼번에 부으면 달걀노른자가 익어버리므로 열기를 조금씩 나눠 접하게 하는 것이

•••

다.)을 달걀노른자와 설탕, 옥수수 전분을 섞어둔 볼에 부어 거품기로 잘 젓는다. 이번에는 이 섞인 반죽을 거꾸로, 우유가 남아 있는 냄비에 붓는다. 냄비를 다시 불에 올려 거품기로 계속 저어가며 끓인다. 눌어붙지 않도록 냄비 안쪽을 고무 스패출러로 잘 긁어 내려가며 끓인다.

4 ··· 불에서 내려 10분 정도 식힌다. 손이 델 정도는 아니지만 여전히 뜨거울 때 준비한 버터의 반을 넣어 섞는다. 베이킹 접시에 펼치고 랩을 덮어 식게 둔다.

5 ··· 그동안 딸기(또는 라즈베리)를 깨끗이 씻어 물기를 뺀 후 꼭지를 따고 반으로 가른다.

바닐라 무슬린 크림의 마지막 단계와 마무리

6 ··· 캐러멜화한 퍼프 페이스트리를 9×5cm 직사각형 모양으로 잘라 24개를 준비한다.
바닐라 무슬린 크림은 실온 상태여야 한다. 혹시라도 아직 온기가 남았다면 냉장고에 10분간 두어 완전히 식힌다.
믹서를 사용해 바닐라 무슬린 크림이 부드러워질 때까지 휘핑한다. 아까 남겨둔 버터 반을 넣고 완전히 녹아 부드러운 상태가 될 때까지 더 돌려준다.

7 ··· 10mm 기본 깍지를 끼운 짜주머니에 바닐라 무슬린 크림을 담는다. 퍼프 페이스트리 8개를 깔고 그 위로 무슬린 크림을 편평하게 짜준다. 각각에 썰어놓은 딸기(또는 라즈베리)를 올리고 다시 크림을 짜 딸기를 덮는다. 여기에 퍼프 페이스트리를 안정감 있게 한 층 더 올린 뒤 그 위로 크림-딸기-크림-페이스트리 단계를 반복한다. 완성된 밀푀유는 냉장고에 보관한다.
먹을 때 쿨리(농도가 진한 퓌레나 소스)나 아이스크림 또는 샹티이 크림을 곁들이면 더욱 맛있게 즐길 수 있다.

Plaisirs Gourmands
플레지르 구르망

슈

슈 페이스트리: 기본 레시피 페이지 참조
베이킹 시트에 바를 버터 1 ½큰술
다진 아몬드 1컵(100g)

부드럽게 만든 페이스트리 크림

페이스트리 크림 4컵(500g): 기본 레시피 페이지 참조
헤비 크림(더블 크림) ½컵에서 1큰술 뺀 양(100ml)

샹티이 크림

샹티이 크림 2 ½컵(300g): 기본 레시피 페이지 참조

딸기 750g(또는 라즈베리 500g)

장식으로 뿌릴 슈거파우더 약간

조리 도구

지름 14mm 깍지를 끼운 짜주머니
지름 8mm 깍지를 끼운 짜주머니
지름 10mm 별모양 깍지를 끼운 짜주머니

페이스트리 크림

I ••• 페이스트리 크림(기본 레시피 참조)을 만들어 냉장고에 넣어둔다.

슈

2 ••• 슈 페이스트리를 준비한다(기본 레시피 참조).
오븐을 180℃로 예열한다.
14mm 기본 깍지를 끼운 짜주머니에 반죽을 담는다. 버터를 바른 베이킹 시트 위에
8cm의 길쭉한 타원 모양의 슈를 짠다. 그 위에 다진 아몬드를 솔솔 뿌린다.

3 •• 오븐에 넣어 굽는다. 8~10분 뒤 슈가 부풀어 오르면 오븐 문을 2~3mm 정도로
아주 조금만 열어 스팀이 빠져나가게 한다. 문을 살짝 열어둔 채로 30분 정도, 금빛
이 돌 때까지 굽는다(문 사이에 나무 주걱을 끼워두면 편하다).
오븐에서 꺼낸 뒤 슈를 식힘망에 올려놓고 식힌다.

부드럽게 만든 페이스트리 크림

4 •• 헤비 크림은 사용 직전까지 냉장고에 둔다. 큰 믹싱 볼을 냉동실에 넣어 차게 만
든 뒤 꺼내어 헤비 크림을 붓고 힘차게 저어 단단하고 되직한 상태로 만든다. 볼 하
나를 더 준비해 차갑게 둔 페이스트리 크림을 넣고 부드러워질 때까지 잘 휘저어 덩
어리진 곳이 없게 한다. 고무 스패출러를 이용해 헤비 크림을 페이스트리 크림에 넣
고 살살 뒤적여 섞는다.

필링

5 •• 샹티이 크림(기본 레시피 참조)을 만들어 냉장고에 넣어둔다.

6 •• 딸기는 깨끗이 씻어 물기를 뺀 후 꼭지를 따고 반으로 가른다.

7 •• 오븐에 구운 슈를 가로 방향으로 자른다. 뚜껑 대 몸체 비율이 1대 2가 되게 조심
스레 칼로 가른다. 8mm 기본 깍지를 끼운 짜주머니에 부드럽게 만든 페이스트리 크
림을 담는다. 몸체 슈 위에 크림을 짠 뒤 잘라놓은 딸기를 줄 맞춰 올린다.
별 모양 깍지를 끼운 짜주머니에 샹티이 크림을 담아 딸기 위에 짜고 뚜껑 슈로 덮어
완성한다. 슈거파우더를 뿌려 장식한다.

Paris-Brest Individuels
파리 브레스트 (1인용)

슈
슈 페이스트리 600g: 기본 레시피 페이지 참조
아몬드 슬라이스 ¾컵(70g)

캐러멜화한 아몬드와 헤이즐넛
프랄린 밀푀유 p.222 참조

프랄린 무슬린 크림
기본 레시피 페이지 참조

장식으로 뿌릴 슈거파우더 약간

조리 도구
지름 14mm 별 모양 깍지를 끼운 짜주머니

슈

I ••• 유산지에 지름 7cm의 원을 12개 그린다. 유산지를 베이킹 시트 위에 올린다.
슈 페이스트리를 준비한다(기본 레시피 참조).
오븐을 180℃로 예열한다.
별 모양 깍지를 끼운 짜주머니에 반죽을 담는다. 유산지에 그린 원을 따라 링 모양
으로 슈를 짠다. 살짝 눌러주어 모양을 조금 넓힌다. 그 위에 아몬드 슬라이스를 뿌
린다.

2 ••• 베이킹 시트를 오븐에 넣고 굽는다. 8~10분 뒤 슈가 부풀어 오르면 오븐 문을
2~3mm 정도로 아주 조금만 열어 스팀이 빠져나가게 한다. 문을 살짝 열어둔 채로
30분 정도, 금빛이 돌 때까지 굽는다(문 사이에 나무 주걱을 끼워두면 편하다).
오븐에서 파리 브레스트를 꺼내 식힘망에 올려놓고 식힌다.

캐러멜화한 아몬드와 헤이즐넛

3 ••• 아몬드와 헤이즐넛을 캐러멜화한다(프랄린 밀푀유 p.222 참조).

프랄린 무슬린 크림

4 ••• 프랄린 무슬린 크림을 만든다(기본 레시피 참조).

마무리

5 ••• 칼을 이용해 슈를 가로 방향으로 반반 잘라 뚜껑과 몸체 부분으로 나눈다. 별 모
양 깍지를 끼운 짜주머니에 무슬린 크림을 담아 몸체 슈 위에 얇은 켜로 짠다. 캐러
멜화한 아몬드와 헤이즐넛을 부셔 크림 위에 흩뿌린다. 그 위로 짜주머니 속 크림
을 두 바퀴 돌려주는데 살살 눌러 펼치는 느낌으로 짠다. 뚜껑 슈를 덮으면 파리 브
레스트 완성.
슈거파우더를 뿌린 뒤 냉장고에 보관한다.

LES DESSERTS GLACÉS ET FRUITÉS

얼린 디저트와 과일 디저트

Crème Glacée à la Verveine
버베나 아이스크림

신선한 버베나 잎 30g
지방을 빼지 않은 전유(全乳) 1 ⅔컵(400ml)
헤비 크림(더블 크림) 1컵과 1큰술(250ml)
달걀노른자 6개 분량
백설탕 ¾컵(150g)

조리 도구
아이스크림 메이커

I ·· 버베나 잎은 줄기를 떼고 깨끗이 씻어 물기를 뺀 다음 3등분한다.
우유를 넣은 냄비에 헤비 크림 ½컵을 넣고 끓인다. 불에서 내린 다음 버베나 잎을 넣고 뚜껑을 덮어 20분간 우려낸다.

2 ·· 큰 볼에 달걀노른자와 설탕을 넣고 색이 연해질 때까지 젓는다. 우유와 크림 끓인 것은 체에 밭쳐 버베나 잎을 거른 뒤 다시 냄비에 옮겨 불에 올린다. 뜨거워지면 그중 ⅓만 달걀노른자와 설탕 혼합물에 붓는다. 거품기로 잘 섞어준 뒤 그것을 다시 냄비에 붓는다.

3 ·· 약한 불에 냄비를 올리고 나무 주걱으로 저어가며 커스터드 크림이 되직해질 때까지 끓인다. 나무 주걱으로 반죽을 들어 올려 크림이 막처럼 덮인 채 유지되면 알맞은 점도다. 또는 손가락으로 주걱 뒷면에 묻은 크림을 갈라 보아 자국이 그대로 남아 있으면 알맞은 점도다. 이때 커스터드 크림을 절대로 센 불에서 끓이면 안 되니 주의할 것(최고 온도 85℃ 이하에서 조리해야 한다).

4 ••• 커스터드 크림의 농도가 적당해지면 불에서 내린 뒤 남겨둔 ½컵의 헤비 크림을
얼른 부어 더 이상 익지 않도록 한다. 볼에 내용물을 옮겨 5분간 계속 저어 부드러운
크림 상태로 만든다. 냉장고에 넣어 차갑게 한다.

5 ••• 냉장고에서 꺼내 아이스크림 메이커 용기에 옮겨 붓고 매뉴얼대로 아이스크림
을 만든다.
완성되면 밀폐 용기에 담아 냉동실에 보관한다.

Chef's tip

아이스크림은 먹기 3시간 전에 만들어두면 최상의 결을 즐길 수 있다. 냉동실에 보관하
면 며칠은 충분히 두고 먹을 수 있으며, 먹기 10분 전에 미리 꺼내두면 살짝 녹아 부드러
운 맛을 즐길 수 있다.

커스터드 크림을 만들 때, 위의 3번 과정에서 조금만 오래 익혀도 쉽게 덩어리가 생길 수
있다. 이는 달걀노른자가 분리되며 나타나는 현상으로, 만약 덩어리지는 게 보이면 블렌
더나 푸드 프로세서로 재빨리 돌려 고르게 풀어주자. 단, 기계를 너무 오래 돌리면 커스터
드 크림이 액화될 수 있으니 주의할 것.

Glace Pétales de Roses
장미 꽃잎 아이스크림

지방을 빼지 않은 전유(全乳) 2컵과 2큰술(500ml)
헤비 크림(더블 크림) ½컵(120ml)
장미 시럽 3 ½큰술(70ml)
장미수 3 ⅓큰술(50ml)
달걀노른자 8개 분량

백설탕 ⅔컵(135g)
천연 장미 에센셜 오일 6방울

조리 도구
아이스크림 메이커

1 ••• 냄비에 우유와 크림을 넣고 끓인 다음 불에서 내려 장미 시럽과 장미수를 섞는다.

2 ••• 큰 볼에 달걀노른자와 설탕을 넣고 색이 연해질 때까지 섞는다. 데운 우유와 크림 혼합물 중 ⅓만 달걀노른자와 설탕 혼합물에 붓는다. 거품기로 잘 섞어준 뒤 그것을 다시 냄비에 붓는다.

3 ••• 냄비를 약한 불에 올려 나무 주걱으로 잘 저어가며 커스터드 크림이 되직해질 때까지 끓인다. 나무 주걱을 들어 올려 크림이 막처럼 덮인 채 유지되면 알맞은 점도다. 또는 손가락으로 주걱 뒷면에 묻은 크림을 갈라 보아 자국이 그대로 남아 있으면 알맞은 점도다. 이때 커스터드 크림을 절대로 센 불에서 끓이면 안 되니 주의할 것(최고 온도 85℃ 이하에서 조리해야 한다).

4 ••• 커스터드 크림의 농도가 적당해지면 불에서 내리고 얼른 볼로 옮겨 더 이상 익지 않도록 한다. 5분간 계속 저어 부드러운 크림 상태로 만든다.
장미 에센셜 오일을 넣고 잘 섞어준 뒤 냉장고에 넣어 차갑게 한다.
냉장고에서 꺼내 아이스크림 메이커 용기에 옮겨 담고 매뉴얼대로 아이스크림을 만든다.
완성되면 밀폐 용기에 담아 냉동실에 보관한다.

Chef's tip

아이스크림은 먹기 3시간 전에 만들어두면 최상의 결을 즐길 수 있다. 냉동실에 보관하면 며칠은 충분히 두고 먹을 수 있으며, 먹기 10분 전에 미리 꺼내두면 살짝 녹아 부드러운 맛을 즐길 수 있다.

커스터드 크림을 만들 때, 위의 3번 과정에서 조금만 오래 익혀도 쉽게 덩어리가 생길 수 있다. 이는 달걀노른자가 분리되며 나타나는 현상으로, 만약 덩어리지는 게 보이면 블렌더나 푸드 프로세서로 재빨리 돌려 고르게 풀어주자. 단, 기계를 너무 오래 돌리면 커스터드 크림이 액화될 수 있으니 주의할 것.

Coupe Glacée Rose Framboise
라즈베리 로즈 선디

장미 꽃잎 아이스크림 1L: p.72 참조
라즈베리 소르베 500ml: p.76 참조
라즈베리 쿨리 ½컵(125ml): 기본 레시피 페이지 참조
샹티이 크림 2컵(250g): 기본 레시피 페이지 참조
신선한 리즈베리 40~50개

조리 도구
별 모양 깍지를 끼운 짜주머니
아이스크림 스쿱

아이스크림, 소르베, 쿨리는 미리 만들어놓고, 샹티이 크림은 먹기 직전에 만든다.

담아내기
I ••• 선디를 담아낼 잔이나 그릇을 준비한다.
각각 그릇마다 장미 꽃잎 아이스크림 2스쿱과 라즈베리 소르베를 1스쿱씩 떠 넣은 뒤 라즈베리를 5~6개씩 위에 올리고 라즈베리 쿨리를 뿌린다.
별 모양 깍지를 끼운 짜주머니에 샹티이 크림을 담아 아이스크림 위에 꽃 모양으로 짜 장식한다.

Chef's tip
샹티이 크림을 미리 만들었다면 반드시 냉장고에 보관해야 한다.
그릇에 아이스크림과 소르베를 미리 담아놓았다면 냉동실에 넣어두도록 한다. 이렇게 준비해두면 선디를 내갈 때 라즈베리와 쿨리, 샹티이 크림만 올리면 되니 한결 손쉬워진다.

Sorbet Framboise
라즈베리 소르베

물 1 ⅔컵(400ml)
백설탕 1 ¼컵(250g)
레몬 1개
신선한 라즈베리 5컵(625g)

조리 도구
아이스크림 메이커

1 ••• 냄비에 물과 설탕을 넣고 끓여 시럽을 만든 다음 불에서 내려 식힌다.
레몬즙은 따로 짜둔다.

2 ••• 블렌더나 푸드 프로세서에 라즈베리와 레몬즙을 넣어 고루 섞일 때까지 돌린다.
식혀둔 시럽을 더해가며 잘 섞는다. 고운 체에 한 번 내리는데, 숟가락으로 눌러주거
나 긁어가면서 최대한의 과육을 얻어낸다. 단, 씨는 들어가지 않도록 한다.

3 ••• 아이스크림 메이커의 용기에 옮겨 붓고 매뉴얼대로 얼린다.
소르베가 완성되면 밀폐 용기에 담아 냉동실에서 영하 18℃로 보관한다.

Chef's tip
소르베는 가능한 한 당일에 먹기를 권한다. 소르베의 결이 당일 최상이기 때문. 냉동실에
두었다 먹는 경우라면 10분 전에 미리 꺼내어 살짝 부드럽게 해 먹으면 좋다.

Sorbet Fromage Blanc
프로마주 블랑 소르베

레몬(껍질의 왁스를 제거한 것) ½개
물 1 ¼컵(300ml)
백설탕 1컵(200g)
프로마주 블랑(지방 40%) 1컵(250g)

조리 도구
아이스크림 메이커

1 ··· 레몬은 채소용 필러로 껍질을 반 정도 긁어내 제스트를 만든다.
냄비에 물, 설탕, 레몬 제스트를 넣고 끓여 시럽을 만든다.
불에서 내려 시럽을 식힌다. 뚜껑을 덮고 10분 정도 더 우려낸다.
시럽을 가는 체에 받쳐 찌꺼기는 거르고 식힌다.

2 ··· 제스트를 만들고 남은 레몬을 짜 즙을 낸다. 볼에 프로마주 블랑과 식힌 시럽을
서서히 붓는다. 레몬즙 1큰술을 넣어 잘 섞는다.
아이스크림 메이커 용기에 부어 매뉴얼에 따라 얼린다.
소르베가 완성되면 밀폐 용기에 담아 냉동실에서 영하 18℃로 보관한다.

Chef's tip
소르베는 가능한 한 만든 당일에 먹어야 최상의 결을 즐길 수 있다. 냉동실에서 며칠 동안
보관 가능하며 먹기 10분 전에 꺼내 살짝 녹여 먹으면 된다.
프로마주 블랑 소르베는 신선한 베리류(라즈베리, 딸기, 레드커런트)와 잘 어울리는데, 딸기 또
는 라즈베리만 곁들여도 맛있게 즐길 수 있다.
생과일 대신 베리류로 만든 쿨리를 소르베에 뿌려 먹어도 좋다.

Coupe Glacée Chocolat Liégeois
초콜릿 아이스크림 선디

다크 초콜릿 아이스크림 1L: p.82 참조
핫 초콜릿 식힌 것 1컵(250g): p.346 참조
샹티이 크림 2컵(250g): 기본 레시피 페이지 참조

아몬드 슬라이스 ⅓컵(30g)_취향에 따라 선택

조리 도구
별 모양 깍지를 끼운 짜주머니
아이스크림 스쿱

다크 초콜릿 아이스크림과 식힌 핫 초콜릿은 미리 만들어 놓고, 샹티이 크림은 먹기 직전에 만든다.

담아내기

아몬드 슬라이스를 살짝 굽는다.
선디를 담아낼 잔이나 그릇을 준비한다.
각 그릇마다 초콜릿 아이스크림 2스쿱을 올린 뒤 식힌 핫 초콜릿 3큰술을 끼얹는다.
별 모양 깍지를 끼운 짜주머니에 샹티이 크림을 담아 아이스크림 위에 꽃 모양으로 짜 장식한다.

Chef's tip

샹티이 크림을 미리 만들었다면 반드시 냉장고에 보관해야 한다.
그릇에 초콜릿 아이스크림을 미리 담아놓았다면 냉동실에 보관한다. 이렇게 준비해두면 선디를 내갈 때 핫 초콜릿과 샹티이 크림, 구운 아몬드 슬라이스만 올리면 되니 한결 손쉬워진다.

Glace au Chocolat Noir
다크 초콜릿 아이스크림

초콜릿(카카오 매스 최소 70% 이상) 200g
물 ½컵에서 1큰술 뺀 양(100ml)
지방을 빼지 않은 전유(全乳) 2컵과 2큰술(500ml)
달걀노른자 3개 분량
백설탕 ½컵과 2큰술(120g)

조리 도구
아이스크림 메이커

I ••• 도마에 초콜릿을 놓고 칼로 잘게 다진다.
냄비에 물과 우유를 넣고 끓인 다음 불에서 내린다.

2 ••• 큰 볼에 달걀노른자와 설탕을 넣고 색이 연해질 때까지 섞는다. 물을 넣고 데운
우유 중 ⅓만 달걀노른자와 설탕 혼합물에 붓는다. 거품기로 잘 섞은 뒤 그것을 다
시 냄비에 붓는다.

3 ••• 약한 불에 냄비를 올리고 나무 주걱으로 잘 저어가며 커스터드 크림이 되직해질
때까지 끓인다. 나무 주걱을 들어 올려 크림이 막처럼 덮인 채 유지되면 알맞은 점도
다. 또는 손가락으로 주걱 뒷면에 묻은 크림을 갈라 보아 자국이 그대로 남아 있으면
알맞은 점도다. 이때 커스터드 크림을 절대로 센 불에서 끓이면 안 되니 주의할 것(최
고 온도 85℃ 이하에서 조리해야 한다).

4 •·· 커스터드 크림의 농도가 적당해지면 불에서 내리고 얼른 다진 초콜릿을 넣어 커
스터드가 더 이상 익지 않도록 한다. 5분간 계속 저어 부드러운 크림 상태로 만든다.
냉장고에 넣어 차갑게 둔다.
냉장고에서 꺼내 아이스크림 메이커 용기에 옮겨 담고 매뉴얼대로 아이스크림을 만
든다.
완성되면 밀폐 용기에 담아 영하 18℃의 냉동실에 보관한다.

Chef's tip

아이스크림은 먹기 3시간 전에 만들어두면 최상의 결을 즐길 수 있다. 냉동실에 보관하
면 며칠간 충분히 두고 먹을 수 있으며, 먹기 10분 전에 미리 꺼내두면 살짝 녹아 부드러
운 맛을 즐길 수 있다.

커스터드 크림을 만들 때, 위의 3번 과정에서 조금만 오래 익혀도 쉽게 덩어리가 생길 수
있다. 이는 달걀노른자가 분리되며 나타나는 현상으로, 만약 덩어리지는 게 보인다면 블
렌더나 푸드 프로세서로 재빨리 돌려 고르게 풀어주자. 단, 기계를 너무 오래 돌리면 커스
터드 크림이 액화될 수 있으니 주의할 것.

Coupe Ladurée
라뒤레 선디

밤 아이스크림 1L: p.86 참조
샹티이 크림 2컵(250g) : 기본 레시피 페이지 참조
설탕에 졸인 밤 150g

조리 도구
지름 18mm 별 모양 깍지를 끼운 짜주머니
아이스크림 스쿱

밤 아이스크림은 미리 만들어놓고, 샹티이 크림은 먹기 직전에 만든다.

담아내기
선디를 담아낼 잔이나 그릇을 준비한다.
각 그릇마다 밤 아이스크림 2스쿱을 담는다. 졸인 밤을 손으로 으깨가며 각각의 아이
스크림 위에 몇 조각씩 올린다.
별 모양 깍지를 끼운 짜주머니에 샹티이 크림을 담아 아이스크림 주위로 한 바퀴 돌
려가며 꽃 모양으로 짜준다.
남은 밤 조각을 아이스크림 위에 올려 장식한다.

Chef's tip
샹티이 크림을 미리 만들었다면 반드시 냉장고에 보관해야 한다.
그릇에 아이스크림을 미리 담아놓았다면 냉동실에 넣는다. 이렇게 준비해두면 선디를 내
갈 때 졸인 밤과 샹티이 크림만 올리면 되니 한결 손쉬워진다.

Glace aux Marrons
밤 아이스크림

지방을 빼지 않은 전유(全乳) 2컵과 2큰술(500ml)
헤비 크림(더블 크림) ¾컵과 1큰술(190ml)
달걀노른자 6개 분량
백설탕 1컵(200g)
설탕을 가미하지 않은 밤 퓌레 240g
숙성된 다크 럼 1큰술
설탕에 졸인 밤 조각 100g

조리 도구
아이스크림 메이커

1 ••• 우유를 담은 냄비에 헤비 크림 ½컵(125ml)을 넣고 끓인다. 불에서 내린다. 큰 볼에 달걀노른자와 설탕을 넣고 색이 연해질 때까지 섞는다. 끓여놓은 우유와 크림의 ⅓만 달걀노른자와 설탕 혼합물에 붓는다. 거품기로 잘 섞은 뒤 그것을 다시 냄비에 붓는다.

2 ••• 약한 불에 냄비를 올리고 나무 주걱으로 잘 저어가며 커스터드 크림이 되직해질 때까지 끓인다. 나무 주걱을 들어 올려 크림이 막처럼 덮인 채 유지되면 알맞은 점도다. 또는 손가락으로 주걱 뒷면에 묻은 크림을 갈라 보아 자국이 그대로 남아 있으면 알맞은 점도다. 이때 커스터드 크림을 절대로 센 불에서 끓이면 안되니 주의할 것(최고 온도 85℃ 이하에서 조리해야 한다).

3 •• 커스터드 크림의 농도가 적당해지면 불에서 내리고 남은 ¼컵(65ml)의 헤비 크림을 넣어 더 이상 익지 않게 한다.
큰 볼에 밤 퓌레를 담고 커스터드 크림을 서서히 부어가며 풀어준다. 식힌 뒤에 럼을 섞는다.

4 •• 아이스크림 메이커 용기에 옮겨 담고 매뉴얼대로 아이스크림을 만든다.
완성되면 큰 볼에 옮긴 뒤 설탕에 졸인 밤 조각들을 넣고 살살 섞어준다. 밀폐 용기에 담아 영하 18℃의 냉동실에 보관한다.

Chef's tip

아이스크림은 먹기 3시간 전에 만들어두면 최상의 결을 즐길 수 있다. 냉동실에 보관하면 며칠간 충분히 두고 먹을 수 있으며, 먹기 10분 전에 미리 꺼내두면 살짝 녹아 부드러운 맛을 즐길 수 있다.

커스터드 크림을 만들 때, 위의 2번 과정에서 조금만 오래 익혀도 쉽게 덩어리가 생길 수 있다. 이는 달걀노른자가 분리되며 나타나는 현상으로, 만약 덩어리지는 게 보인다면 블렌더나 푸드 프로세서로 재빨리 돌려 고르게 풀어주자. 단, 기계를 너무 오래 돌리면 커스터드 크림이 액화될 수 있으니 주의할 것.

Ananas Rôti
구운 파인애플

파인애플 1통
바닐라빈 1개
물 4큰술 + 물 ¾컵과 2큰술(200ml)
백설탕 ½컵과 2큰술(125g)

오렌지 1개 즙 낸 것 ½컵(130ml)
럼 1큰술

1 ⋯ 파인애플은 단단한 겉껍질과 심지를 제거하고 세로로 길게 6등분한 다음 베이킹 접시에 담아놓는다.

2 ⋯ 날카로운 칼로 바닐라빈을 길게 가른 뒤 칼끝으로 빈 안쪽을 긁어내 바닐라 씨를 얻는다. 냄비에 물 4큰술을 붓고 바닐라빈 꼬투리와 바닐라 씨를 넣어 약한 불에 끓인다. 불에서 내려 곧바로 뚜껑을 덮어 15분간 더 우려낸다.

3 ⋯ 오븐을 160℃로 예열한다.
큰 냄비에 설탕과 200ml의 물을 부어 끓인다. 황금빛 캐러멜색이 날 때까지 나무 주걱으로 젓는다.
냄비를 불에서 내린 뒤 데지 않게 조심하면서 바닐라 우린 물(바닐라빈 꼬투리는 빼낸다)을 부어 젓는다. 오렌지 즙과 럼도 넣고 저어가며 섞는다.

4 ⋯ 섞은 것을 잘라놓은 파인애플 위에 붓는다. 오븐에 넣어 1시간 45분 정도 굽는다.
굽는 동안 중간중간 접시로 빠져나온 과즙과 시럽을 숟가락으로 떠서 파인애플 위
로 끼얹는다. 파인애플이 진하고 예쁜 호박색이 되면 오븐에서 꺼내 완전히 식힌다.

5 ⋯ 구운 파인애플을 5mm 정도의 두께로 썬다.
담아낼 접시에 파인애플 슬라이스를 보기 좋게 돌려 담는다. 패션프루츠 쿨리나 바
닐라 아이스크림을 곁들여낸다.

8인분　준비 시간: 45분　휴지 시간: 3시간

Nougat Glacé au Miel

얼린 허니 누가

얼린 누가

차가운 헤비 크림(더블 크림) 1L
아몬드 누가틴 400g
설탕에 졸인 과일 1 ½컵(250g)
껍질 벗긴 생 피스타치오 ¼컵(30g)
잡화꿀 ½컵(150g)
달걀흰자 8개 분량

라즈베리 쿨리

쿨리 1컵(250ml): 기본 레시피 페이지 참조

샹티이 크림: 기본 레시피 페이지 참조
장식을 위한 라즈베리 한 줌

조리 도구

원형 링 몰드 8개

1 ••· 큰 볼을 냉동실에 넣어 차갑게 한다.
차가워진 볼을 꺼내 헤비 크림을 붓고 거품기로 크림이 단단해질 때까지 힘차게 저은 다음 냉장고에 둔다.
누가틴과 설탕에 졸인 과일을 5mm 크기의 정사각 모양으로 썰고 피스타치오는 대강 다져 볼에 옮겨둔다.

2 ••· 냄비에 꿀을 붓고 색이 살짝 나기 시작할 때까지(약 120℃) 끓인다. 그동안 전기 믹서로 달걀흰자를 거품 낸다. 믹서용 볼이 물기 없고 깨끗한지 확인한 뒤에 거품 내기 작업을 시작한다.
거품이 단단해졌다 싶으면 끓여놓은 꿀을 붓고 열기가 완전히 빠질 때까지 쉬지 않고 젓는다.

••·

3 ••• 큰 볼에 휘핑한 헤비 크림, 꿀을 넣은 머랭을 고무 스패출러로 옮겨 담고 살살 접
   듯이 섞어준다. 여기에 잘게 다진 누가틴, 설탕에 졸인 과일, 피스타치오를 부어 마
   저 섞는다.

4 ••• 몰드에 채워 3시간 동안 얼린다.
   그동안 라즈베리 쿨리를 만들어 냉장고에 둔다.
   얼린 누가를 몰드에서 뺀 뒤 접시에 담고 샹티이 크림과 라즈베리를 올려 장식한다.
   마지막으로 라즈베리 쿨리를 누가 주위로 넉넉히 두른다.

Chef's tip

만약 1인용 원형 몰드가 없다면 냉동실에서도 사용 가능한 유리잔을 몰드 대신 써도 무
방하다.

원형이 아닌 직사각 테린 몰드(길이 22cm)에 만들 수도 있는데, 이 경우 마찬가지로 냉동실
에 3시간 얼린 뒤 슬라이스해 라즈베리 쿨리를 뿌려 먹으면 된다.

누가를 만들 때 취향에 따라 설탕에 졸인 과일($\frac{1}{4}$컵) 대신 설탕에 졸인 오렌지와 생강 큐
브를 써도 그 맛이 잘 어울린다.

위의 레시피에는 알코올이 들어가지 않았는데, 재료 중 설탕에 졸인 과일을 그랑 마르니
에Grand Marnier(역주: 오렌지 향이 가미된 코냑) 3큰술(50ml)에 1시간 정도 담가두었다가 사용
하면 좀 더 개성 있는 맛의 누가를 만들 수 있다.

Minestrone de Fruits Frais au Basilic
바질을 넣은 신선한 과일 미네스트로네

바질 시럽
레몬(껍질의 왁스를 제거한 것) 1개
오렌지(껍질의 왁스를 제거한 것) 1개
물 1컵(250ml)
백설탕 ¾컵(150g)
신선한 바질 잎 4개

과일 샐러드
파파야 1개
망고 1개

큰 파인애플 ½통 또는 작은 파인애플 2통
키위 3개
패션프루츠 2개
오렌지 3개
자몽 2개

신선한 바질 잎 6개

바질 시럽

1 ··· 레몬과 오렌지는 채소용 필러로 껍질을 벗겨 제스트를 만든다. 냄비에 물과 설탕, 제스트를 넣고 끓인다. 바질 잎은 따로 다져놓는다.

2 ··· 냄비를 불에서 내려 다진 바질 잎을 넣는다. 뚜껑을 덮고 30분 정도 우려낸다. 고운 체에 내려 찌꺼기는 버리고 시럽은 한쪽에 담아둔다.

과일 샐러드

3 ··· 파파야, 망고, 파인애플, 키위는 껍질을 벗긴다.

···

4 ••• 각각의 과일을 아래의 설명을 따라 준비한 뒤 큰 샐러드 볼에 모두 옮겨 담는다.
우선 파파야는 반으로 갈라 씨를 뺀다. 반 가른 것을 4등분한 뒤 8mm 두께로 얇게
썬다.
망고는 칼을 이용해 가운데 씨를 중심으로 세로로 단면을 자른 후 껍질을 벗겨 안쪽
의 과육 2조각을 준비한다. 그것을 길이로 3등분하고 다시 2mm 두께로 얇게 썬다.
키위는 길게 반으로 갈라 각각을 세로로 길게 8등분한 뒤 가로로 4조각 낸다.
파인애플은 길게 세로로 반을 갈라 각각을 다시 길게 4등분한다. 가운데의 심을 제
거하고 3mm 두께로 슬라이스한다.
패션프루츠는 반으로 갈라 숟가락으로 과육을 퍼낸다.

5 ••• 잘 드는 칼을 사용해 오렌지와 자몽의 껍질을 벗긴다. 조각조각 과육만 떠내는 섹
션 뜨기를 이용해 씁쓸한 맛의 흰 부분과 과육을 둘러싼 막을 완전히 제거한다. 썰어
놓은 과일들을 담은 샐러드 볼에 함께 담는다.

6 ••• 샐러드 볼의 과일들 위로 바질 시럽을 붓는다.
바질 잎 6개를 도마 위에 놓고 잘 드는 칼로 잘게 다진 뒤 곧바로 과일에 섞는다. 썰
어놓은 과일 모양이 상하지 않도록 조심스레 뒤적여 섞는다. 냉장고에 2시간 두었
다가 먹는다.

Chef's tip

계절에 따라 딸기, 라즈베리, 잘게 썬 바나나 등을 먹기 직전에 섞어 담아내도 좋다.

Salade de Fruits Rouges Mentholée
민트를 넣은 붉은 베리 샐러드

민트를 넣은 붉은 베리 시럽
물 1 ¼컵(300ml)
백설탕 ¾컵(150g)
레드커런트 ¾컵(100g)
라즈베리 ¾컵(100g)
신선한 민트 잎 1다발

과일
딸기 3 ⅓컵(500g)
레드커런트 1컵(125g)
라즈베리 2컵(250g)
블랙베리 1컵(125g)
블루베리 1컵(125g)

민트를 넣은 붉은 베리 시럽

I ⋯ 냄비에 물과 설탕, 레드커런트, 라즈베리를 넣고 끓인다. 불에서 내려 민트 잎 15 개를 넣는다. 뚜껑을 덮고 20분 정도 우려낸다.
민트 잎을 건져낸 다음 핸드 블렌더를 사용해 냄비에서 바로 곱게 갈아준다. 고운 체 에 내린다.

Chef's tip

민트를 넣은 붉은 베리 샐러드는 바닐 라 아이스크림이나 버베나 아이스크림 과 곁들여도 잘 어 울린다.

과일

2 ⋯ 딸기를 깨끗이 씻어 꼭지를 딴다.
레드커런트도 꼭지를 제거한다.

3 ⋯ 1인용 그릇이나 큰 그릇에 민트를 넣은 붉은 베리 시럽을 적당량 담고 준비한 과 일을 보기 좋게 올린다. 먹기 직전까지 냉장고에 둔다.

LES TARTES

타르트

Tarte Ananas Rôti
구운 파인애플 타르트

구운 파인애플
p.88 레시피 참조

코코넛 크림
버터 5 ½큰술(80g)
백설탕 ½컵(100g)
코코넛 간 것(코코넛가루) ¾컵(100g)
옥수수 전분(옥수수가루) 1큰술(10g)
달걀 1개
럼 1큰술
휘핑크림 1컵(250ml)

타르트 셸을 만들 스위트 아몬드 페이스트리
도우 350g: 기본 레시피 페이지 참조
작업대에 뿌릴 다목적 밀가루 2 ½큰술
타르트 팬에 바를 버터 1 ½큰술

조리 도구
타르트 팬(지름 24cm, 높이 2cm)

파인애플은 미리 구워놓고 스위트 아몬드 페이스트리 반죽도 미리 만들어놓는다(기본 레시피 참조).

코코넛 크림

I ••• 큰 믹싱 볼을 냉동실에 넣어 차게 만든다.
버터를 잘게 잘라 내열 용기에 담는다. 전자레인지에 잠깐 돌리거나 물이 가볍게 끓고 있는 팬에 그릇째 넣고 중탕해 버터를 부드럽게 만든다. 어느 쪽이든 버터가 녹아 흐를 정도가 되지 않게 주의한다. 불에서 내리고 고무 스패츌러로 잘 저어 크림 상태로 만든다. 나머지 재료들, 즉 설탕, 코코넛 간 것, 옥수수 전분, 달걀과 럼을 한 번에 하나씩 넣어주는데 매번 재료가 잘 섞일 때까지 저은 뒤 다음 재료를 더한다.

•••

2 ••· 냉장고에서 차가워진 믹싱 볼을 꺼낸다. 휘핑크림을 부어 거품기로 힘차게 젓
는다.
크림이 되직해지면 버터에 섞어놓은 재료들을 부어 살살 섞는다.

타르트 셸을 만들 스위트 아몬드 페이스트리

3 ••· 타르트 팬에 버터를 바른다. 작업대에 밀가루를 뿌리고 도우를 2mm 두께로 민
다. 도우를 냉장고에 1시간 넣어둔다. 꺼내어 타르트 팬에 살살 눌러 깐다. 다시 냉
장고에 넣어 1시간 이상 휴지한다.

필링

4 ••· 오븐을 160℃로 예열한다.
타르트 셸을 냉장고에서 꺼낸다. 타르트 위에 코코넛 크림과 구운 파인애플 슬라이
스의 반을 올린다.
오븐에 넣고 45분 정도 금빛이 돌 때까지 굽는다.
오븐에서 꺼낸 뒤 몰드에서 빼 식힌다.

마무리

5 ••· 식힌 타르트 위에 남겨둔 파인애플 슬라이스를 보기 좋게 돌려 담는다.
먹기 직전까지 냉장고에 보관한다.

Tarte Tout Chocolat
올 초콜릿 타르트

코코아를 넣은 스위트 타르트 반죽
케이크용 밀가루 1 ⅔컵(200g)+작업대에 뿌릴 케이크
용 밀가루 2 ½큰술
아주 차가운 버터 ½컵(120g)+타르트 팬에 바를 버터
1큰술
슈거파우더 ⅔컵(75g)
아몬드 간 것(아몬드가루) ¼컵(25g)
설탕을 가미하지 않은 코코아파우더 2 ¼큰술(12g)
천일염 약간
달걀 1개

밀가루를 넣지 않은 초콜릿 스펀지케이크
초콜릿(카카오 매스 60~70%) 45g
달걀 3개

백설탕 ⅓컵(65g)

초콜릿 가나슈
초콜릿(카카오 매스 65~75%) 300g
휘핑크림 1 ¼컵(300ml)
버터 7큰술(100g)

장식을 위한 판 초콜릿 1개와 코코아파우더 약간

조리 도구
타르트 팬(지름 24cm, 높이 2cm)
지름 7~8mm 깍지를 끼운 짜주머니

코코아를 넣은 스위트 타르트 반죽

I ••• 큰 볼에 밀가루를 체친다. 차가운 버터를 아주 잘게 썰어 볼에 넣고 슈거파우더,
아몬드 간 것, 코코아파우더, 천일염을 더한다. 손바닥을 마주 보고 비벼가며 섞는데
모래 같은 느낌이 들 때까지 섞는다. 여기에 달걀을 넣고 균질한 반죽이 되도록 마저
섞되 너무 오래 치대진 않도록 한다(제과용 반죽기가 있다면 나뭇잎 모양을 닮은 혼합용 날을
끼워 반죽을 만들어도 좋다).
반죽을 둥글게 뭉쳐 랩으로 싼다. 냉장고에 최소 1시간은 넣어두었다가 사용한다. 하루
전에 반죽을 미리 만들면 반죽을 늘리는 작업이 한결 쉽다.

2 ••· 타르트 팬에 버터를 바르고 밀가루를 두른다. 밀가루를 뿌린 작업대에 도우를 펼쳐 2mm 두께로 민 다음 팬 모양에 맞춰 살살 눌러가며 깐다. 냉장고에 1시간 동안 넣어둔다.

오븐을 180℃로 예열한다. 타르트 셸을 냉장고에서 꺼낸다. 포크로 도우 바닥을 콕콕 찍어, 굽는 동안 도우가 부풀어 오르는 것을 막는다. 유산지를 셸 지름보다 크게 원형으로 잘라 도우 위에 올린 뒤 옆면과 구석까지 살살 눌러주어 뜨는 곳이 없도록 한다. 유산지 위로 마른 콩이나 파이 웨이트를 부은 뒤 무게가 한쪽으로 쏠리지 않도록 고르게 편다. 25분 정도 굽는다. 타르트 셸을 오븐에서 꺼내 콩과 유산지를 걷어낸 다음 잘 식힌다.

밀가루를 넣지 않은 초콜릿 스펀지케이크

3 ••· 내열 용기에 초콜릿을 담아 물이 가볍게 끓고 있는 팬에 그릇째 넣어 중탕한다. 초콜릿이 녹아 미지근해질 때까지 열을 가한다.

달걀은 노른자와 흰자로 분리한다. 큰 볼에 달걀노른자와 설탕 3큰술(35g)을 넣고 거품이 날 때까지 젓는다.

물기 없는 깨끗한 볼을 준비해 달걀흰자를 거품 낸다. 충분한 양의 거품이 올라오면 남은 설탕 2큰술(30g)을 넣어 단단해질 때까지 젓는다. 달걀노른자와 설탕 섞은 것에 거품 낸 흰자를 ¼만 섞는다. 녹인 초콜릿도 섞는다. 남아 있는 거품 낸 흰자를 마저 넣고 살살 조심스레 섞는다.

4 ••· 오븐을 170℃로 예열한다. 베이킹 시트 위에 유산지를 올리고 7~8mm 기본 깍지를 끼운 짜주머니에 초콜릿 반죽을 담는다. 가운데에서 시작해 바깥쪽으로 나선형으로 짜나가는데, 타르트 셸의 지름보다 2cm 정도 작게 만든다. 오븐에 넣고 15분 정도 굽는다. 약간 건조하다 싶을 때까지 굽는다. 유산지를 오븐에서 꺼내 식힘망 위로 옮겨 식힌다.

초콜릿 가나슈

5 ••• 버터를 실온에 꺼내둔다.
초콜릿은 도마 위에 놓고 잘 드는 칼로 잘게 다져 큰 볼에 담는다. 냄비에 휘핑크림을 담고 끓인다. 뜨거운 크림의 반을 초콜릿 위에 단번에 부은 뒤 거품기로 둥글게 반복해 저어 크림과 초콜릿이 서서히 하나로 녹아들게 한다. 남은 크림을 마저 붓고 같은 방식으로 녹여 가나슈를 완성한다.

6 ••• 버터를 잘게 잘라 가나슈에 넣는다. 고무 스패출러를 이용해 부드러워질 때까지 젓는다.

마무리

7 ••• 타르트 셸에 초콜릿 가나슈를 2~3mm로 얇게 한 층 깐다. 초콜릿 스펀지케이크를 올린 뒤 살짝 눌러준다. 그 위를 남은 가나슈로 채운다. 실온에 30분 정도 굳힌다.

8 ••• 타르트 위를 판 초콜릿 긁어낸 것으로 장식한다. 두툼한 초콜릿 덩어리를 칼등으로 긁으면 대팻밥처럼 가는 초콜릿을 얻을 수 있다. 따로 만들어서 옮기지 말고 타르트 위에서 바로 긁어 장식하자. 마지막으로 코코아파우더를 살짝 뿌려 완성.

Tartelettes Citron Vert et Noix de Coco
라임 코코넛 타르트

라임 크림
라임(껍질의 왁스를 제거한 것) 1개
백설탕 ¾컵과 2큰술(170g)
옥수수 전분(옥수수가루) 2작은술(5g)
달걀 3개
라임주스 ½컵(115ml)
실온에 둔 버터 1컵과 1 ½큰술(250g)

코코넛 크림
아주 차가운 헤비 크림(더블 크림) ¼컵(60ml)
실온에 둔 버터 2큰술(25g)
슈거파우더 3큰술(25g)
코코넛 채썬 것 2큰술(25g)
다크 럼 1큰술
달걀 1개
옥수수 전분(옥수수가루) 3큰술(25g)

타르트 셸을 만들 스위트 아몬드 페이스트리
도우 350g: 기본 레시피 페이지 참조
작업대에 뿌릴 다목적 밀가루 3큰술
타르트 팬에 바를 버터 1 ½큰술

라임 글레이즈
라임 젤리 50g
물 1큰술

조리 도구
타르트 팬 8개(지름 8cm, 높이 2cm)
강판
페이스트리 붓

라임 크림과 스위트 아몬드 페이스트리 도우는 하루 전에 미리 만들어놓는다.

라임 크림

I ••• 라임은 강판을 사용해 껍질을 벗겨 제스트를 만든다. 볼에 설탕과 제스트를 넣고 섞는다. 옥수수 전분, 달걀을 한 번에 하나씩 넣어 섞어주고 라임주스도 넣는다. 섞은 것을 냄비에 담아 약한 불에서 끓인다. 끓어오를 때까지 고무 스패출러로 저어주

•••

면서 크림이 되직해질 때까지 기다린다. 불에서 내려 10분 정도 살짝 식히는데 여전히 뜨겁지만 델 정도는 아닌 60℃ 정도가 되면 버터를 넣는다. 블렌더나 푸드 프로세서에 돌려 크림과 버터가 하나로 녹아들도록 고루 잘 섞는다. 밀폐 용기에 담아 냉장고에 최소 12시간 이상 두면서 레몬 크림을 굳힌다.

코코넛 크림

2 ··· 전날 만들어놓은 라임 크림으로 작업에 들어간다. 우선 큰 믹싱 볼을 냉동실에 넣어 차게 한다. 차가워진 볼에 차가운 헤비 크림을 붓고 거품기로 힘차게 저어 단단하게 만든다. 볼을 하나 더 준비해 실온에 둔 버터와 슈거파우더, 코코넛 채썬 것을 넣어 섞는다. 럼과 달걀, 옥수수 전분을 넣은 뒤 저어둔 헤비 크림을 넣어 고루 섞는다.

타르트 셸을 만들 스위트 아몬드 페이스트리

3 ··· 타르트 팬에 버터를 바른다. 작업대에 밀가루를 뿌리고 도우를 2mm 두께로 민다. 원형 페이스트리 커터나 작은 볼을 사용해 지름 12cm의 원반 모양 8개를 찍어낸다. 타르트 팬에 살살 눌러 깐 뒤 냉장고에 1시간 넣어둔다.

4 ··· 오븐을 170℃로 예열한다.
타르트 셸을 냉장고에서 꺼낸다. 포크로 도우 바닥을 콕콕 찍어 굽는 동안 도우가 부풀어 오르는 것을 막는다. 유산지는 셸 지름보다 크게 원형으로 잘라 도우 위에 올린 뒤 옆면과 구석까지 살살 눌러주어 뜨는 곳이 없도록 한다. 유산지 위로 마른 콩이나 파이 웨이트를 붓고 고르게 편다. 연한 색깔이 나올 때까지 오븐에서 15분 정도 굽는다. 타르트 셸을 오븐에서 꺼내고 오븐은 계속 켜둔다.

5 ••• 타르트 셸은 조금만 식게 두었다가 마른 콩과 유산지를 걷어낸다.
코코넛 크림을 2~3mm로 얇게 한 층 깐다.
다시 오븐에 넣어 코코넛 크림에 색이 나게 10분 정도 더 굽는다.
오븐에서 꺼내 몰드에서 뺀 후 잘 식힌다.

6 ••• 식힌 타르트 셸에 숟가락으로 라임 크림을 채운다. 셸의 높이까지 꽉 채워 담은
뒤 금속 스패출러로 표면을 매끄럽게 정리해준다. 라임 크림의 윗면이 얼도록 1시
간 정도 냉동실에 넣어둔다.

라임 글레이즈

7 ••• 냄비에 라임 젤리와 물을 넣고 약한 불에 올려 계속 젓는다. 끓어오르게 하지 말고
(140℃ 정도면 끓는다) 숟가락 뒷면에 묻혀 그대로 덮인 채로 유지되는 농도면 불에서
내린다. 냉동실에서 타르트를 꺼내어 페이스트리 붓으로 라임 글레이즈를 입힌다.
사진처럼 라임 제스트를 뿌려 타르트 위를 장식한다.

Chef's tip
붉은 베리는 라임, 코코넛과 맛이 잘 어울리니 베리류가 많이 나는 계절이라면 라임 글레
이즈 대신 딸기나 라즈베리 등 신선한 베리 글레이즈를 넣어도 좋다. 라임 코코넛 타르트
는 과일 쿨리나 망고 소르베, 코코넛 아이스크림과 곁들이면 잘 어울린다.
라임 젤리가 없는 경우엔 레몬 젤리 또는 자신의 스타일대로 만든 젤리로 대치해도 상
관없다.

Tartelettes Croustillantes Abricots ou Cerises

바삭한 살구(또는 체리) 타르트

타르트 셸을 만들 쇼트크러스트 페이스트리

도우 350g: 기본 레시피 페이지 참조

작업대에 뿌릴 다목적 밀가루 3큰술

타르트 팬에 바를 버터 1 ½큰술

피스타치오 아몬드 크림

아몬드 크림 250g: 기본 레시피 페이지 참조

피스타치오 페이스트 2큰술(30g)

껍질을 벗긴 생 피스타치오 2큰술(15g)+장식을 위한

껍질 벗긴 생 피스타치오 2작은술(5g)

과일

신선한 살구 1kg 또는 체리 800g

바삭한 사블레 페이스트리 크럼블

도우 160g: 기본 레시피 페이지를 참조하되 각 재료당 40g씩 사용

장식으로 뿌릴 슈거파우더 약간

조리 도구

타르트 팬 8개(지름 8cm, 높이 2cm)

지름 10mm 깍지를 끼운 짜주머니

크럼블 도우는 미리 만들어 놓는다.

타르트 셸을 만들 쇼트크러스트 페이스트리

I ··· 타르트 팬에 버터를 바른다. 작업대에 밀가루를 뿌리고 도우를 2mm 두께로 민다. 원형 페이스트리 커터나 작은 볼을 사용해 지름 12cm 정도의 원반 모양 8개를 찍어낸다. 타르트 팬에 살살 눌러 깐 뒤 냉장고에 넣어 1시간 동안 휴지한다.

···

피스타치오 아몬드 크림

2 ••• 아몬드 크림을 준비한다(기본 레시피 참조). 피스타치오를 잘게 다져 크림에 더한 뒤 피스타치오 페이스트를 넣어 섞는다.

3 ••• 오븐을 170℃로 예열한다.
타르트 팬을 냉장고에서 꺼낸다. 포크로 도우 바닥을 콕콕 찍어 굽는 동안 도우가 부풀어 오르는 것을 막는다. 유산지는 셸 지름보다 크게 원형으로 잘라 도우 위에 올린 뒤 옆면과 구석까지 살살 눌러주어 뜨는 곳이 없도록 한다. 유산지 위로 마른 콩이나 파이 웨이트를 붓고 고르게 편다.
타르트 셸은 연한 색깔이 나올 때까지 15분 정도 구운 다음 오븐에서 꺼내어 마른 콩과 유산지를 걷어낸다. 오븐은 계속 켜둔다.

과일

4 ••• 살구는 씻어 씨를 제거한다. 반으로 가르는데 살구가 크면 3등분한다. 체리를 사용한다면 반을 갈라 씨를 빼고 준비하되 그중 몇 개는 장식을 위해 자르지 않고 남겨둔다.

필링

5 ••• 피스타치오 아몬드 크림을 10mm 기본 깍지를 끼운 짜주머니에 담는다. 타르트 셸에 크림을 짜고 썰어놓은 살구나 체리를 올려 보기 좋게 장식한다.
크럼블 도우는 불규칙한 모양새를 이용해 위로 뚜껑을 덮어주듯 올린다.

6 ••• 다시 오븐에 넣어 40~45분 정도 더 굽는다.
오븐에서 꺼내 잘 식힌다. 슈거파우더와 피스타치오 부순 것을 살살 흩뿌려 완성한다.

Tarte Fraise Mascarpone
딸기 마스카포네 타르트

타르트 셸을 만들 스위트 아몬드 페이스트리
도우 350g : 기본 레시피 페이지 참조
작업대에 뿌릴 다목적 밀가루 2 ½큰술
타르트 팬에 바를 버터 1 ½큰술

마스카포네 크림
판 젤라틴 2장 또는 가루 젤라틴 ½큰술(4g)
헤비 크림(더블 크림) ¼컵(60ml)

백설탕 ½컵과 2큰술(125g)
마스카포네 치즈 2 ¼컵(500g)
딸기 2 ¾컵(400g)

조리 도구
타르트 팬(지름 24cm, 높이 2cm)

타르트 셸을 만들 스위트 아몬드 페이스트리

1 ••· 타르트 팬에 버터를 바른다. 작업대에 밀가루를 뿌리고 도우를 2mm 두께로 민다. 타르트 팬에 살살 눌러 깐 뒤 냉장고에 넣어 1시간 동안 휴지한다.

2 ••· 오븐을 170℃로 예열한다.
타르트 셸을 냉장고에서 꺼낸다. 포크로 도우 바닥을 콕콕 찍어 굽는 동안 도우가 부풀어 오르는 것을 막는다. 유산지는 셸 지름보다 크게 원형으로 잘라 도우 위에 올린 뒤 옆면과 구석까지 살살 눌러주어 뜨는 곳이 없도록 한다. 유산지 위로 마른 콩이나 파이 웨이트를 붓고 고르게 편다. 연한 색깔이 나올 때까지 20분 정도 굽는다. 오븐에서 꺼내 마른 콩과 유산지를 걷어낸다. 이때 셸 색깔이 덜 났다 싶으면 이번에는 아무것도 덮지 말고 그대로 오븐에 잠깐 넣어 색만 살짝 더 낸 다음 꺼내 식힌다.

•••

마스카포네 크림 그리고 마무리

3 ⋯ 아주 차가운 물을 담은 볼에 판 젤라틴을 넣고 부드럽게 풀어지도록 10분 정도
둔다.
판 젤라틴을 건져내 꼭 짜서 물기를 완전히 없앤다.
냄비에 크림과 설탕을 넣어 끓인다. 불에서 내린 뒤 물기 뺀 젤라틴을 넣는다. 완전
히 식게 둔다.

4 ⋯ 볼에 마스카포네 치즈를 담고 나무 주걱이나 고무 스패출러로 부드러워질 때까
지 젓는다. 거기에 3번 과정에서 식혀둔 재료를 조금씩 넣어가며 섞어 마스카포네
크림을 만든다.
식힌 타르트에 마스카포네 크림을 채운다. 크림이 굳을 때까지 냉동실에 20분 정
도 넣어둔다.

5 ⋯ 그동안 딸기를 깨끗이 씻어 물기를 뺀 후 꼭지를 따고 반으로 가른다. 냉장고에서
타르트를 꺼내 딸기를 보기 좋게 올려 장식한다.

Chef's tip

타르트 셸이 물기를 흡수하는 것을 최소화하면서 마스카포네 크림에 닿아 눅눅해지는 것
을 방지하려면 화이트 초콜릿을 한 겹 발라주면 된다. 초콜릿을 녹일 때는 내열 용기에 초
콜릿을 담아 물이 가볍게 끓고 있는 팬에 그릇째 넣어 중탕하는 방법을 권한다. 초콜릿을
녹일 때는 절대 물이 들어가면 안 된다. 페이스트리 붓으로 타르트 셸에 중탕한 초콜릿 옷
을 한 겹 바르고 냉동실에서 10분 굳힌 뒤 마스카포네 크림으로 속을 채우면 바삭한 타르
트 맛을 좀 더 오래 즐길 수 있다.

Tarte Passion Framboise
라즈베리 패션프루츠 타르트

패션프루츠 크림
버터 1컵과 1 ½큰술(250g)
판 젤라틴 2장 또는 가루 젤라틴 ½큰술(4g)
달걀 2개 + 달걀노른자 1개 분량
백설탕 ¾컵(150g)
옥수수 전분(옥수수가루) 1작은술
패션프루츠 퓌레 ⅔컵(125g)
레몬주스 2큰술

타르트 셸을 만들 스위트 아몬드 페이스트리
도우 350g: 기본 레시피 페이지 참조
작업대에 뿌릴 다목적 밀가루 2 ½큰술
타르트 팬에 바를 버터 1 ½큰술

라즈베리 3 ¼컵(400g)

조리 도구
타르트 팬(지름 24cm, 높이 2cm)

패션프루츠 크림

I ••• 크림은 하루 전에 미리 만들어둔다.
버터는 실온에 꺼내 부드럽게 만든다.
아주 차가운 물을 담은 볼에 판 젤라틴을 넣고 부드럽게 풀어지도록 10분 정도 둔다.
다른 볼에 달걀과 달걀노른자, 설탕과 옥수수 전분을 넣고 섞는다. 패션프루츠 퓌레와 레몬주스도 한데 섞는다.
판 젤라틴을 건져내어 꼭 짜서 물기를 완전히 없앤다.

2 ••• 1번 과정의 달걀 혼합물을 냄비에 담고 약한 불에 올려 되직한 크림 상태가 될 때까지 고무 스패츌러로 계속 저어가며 끓인다. 불에서 내린 뒤 물기를 뺀 젤라틴을 넣는다.

•••

10분 정도 식히는데 여전히 뜨겁지만 델 정도는 아닌 60℃가 되면 버터를 넣는다. 블렌더나 푸드 프로세서로 크림과 버터가 하나로 녹아들게 고루 잘 섞는다. 밀폐 용기에 담아 냉장고에 최소 12시간 이상 두면서 패션프루츠 크림을 굳힌다.

타르트 셸을 만들 스위트 아몬드 페이스트리

3 ••• 타르트 팬에 버터를 바른다. 작업대에 밀가루를 뿌리고 도우를 2mm 두께로 민다. 타르트 팬에 살살 눌러 깐 뒤 냉장고에 넣어 1시간 동안 휴지한다.
오븐을 170℃로 예열한다.
타르트 셸을 냉장고에서 꺼낸다. 포크로 도우 바닥을 콕콕 찍어 굽는 동안 도우가 부풀어 오르는 것을 막는다. 유산지는 셸 지름보다 크게 원형으로 잘라 도우 위에 올린 뒤 옆면과 구석까지 살살 눌러주어 뜨는 곳이 없도록 한다. 유산지 위로 마른 콩이나 파이 웨이트를 붓고 한쪽으로 무게가 쏠리지 않도록 고르게 편다.

4 ••• 타르트 셸은 연한 색깔이 나올 때까지 20분 정도 구운 다음 오븐에서 꺼내 마른 콩과 유산지를 걷어낸다. 이때 색깔이 덜 났다 싶으면 이번에는 아무것도 덮지 말고 그대로 오븐에 잠깐 넣어 색만 살짝 더 낸 다음 꺼내 식힌다.

마무리

5 ••• 식힌 타르트에 패션프루츠 크림을 채운다. 크림 위로 라즈베리를 보기 좋게 올려 장식한다. 먹기 전까지 냉장고에 보관한다.

Tartelettes aux Pommes Élysée
사과 타르트

타르트 셸을 만들 스위트 아몬드 페이스트리
도우 350g: 기본 레시피 페이지 참조
작업대에 뿌릴 다목적 밀가루 2 ½큰술
타르트 팬에 바를 버터 1 ½큰술

주사위 모양 시나몬 애플
씨 없는 황금색 건포도(설타나 품종) 1/2컵(60g)
사과 750g
버터 4큰술(60g)
백설탕 ¼컵(45g)
시나몬가루 약간

구운 사과 슬라이스
사과 1kg
버터 4큰술(60g)
백설탕 ¼컵(50g)

아몬드 조각 또는 슬라이스 ¼컵(25g)_취향에 따라
선택

조리 도구
타르트 팬 8개(지름 8cm, 높이 2cm)
페이스트리 붓

스위트 아몬드 페이스트리는 하루 전에 미리 만들어놓는다.

타르트 셸을 만들 스위트 아몬드 페이스트리

I ••• 타르트 팬에 버터를 바른다. 작업대에 밀가루를 뿌리고 도우를 2mm 두께로 민다. 원형 페이스트리 커터나 작은 볼을 사용해 지름 12cm 정도의 원반 8개를 찍어낸다. 타르트 팬에 살살 눌러 깐 뒤 냉장고에 1시간 넣어둔다.

주사위 모양 시나몬 애플

2 ••• 볼에 건포도를 담고 미지근한 물을 부어 건포도를 불린다. 뚜껑을 덮고 30분 정도 둔다.

•••

그동안 사과 껍질을 벗기고 씨 부위를 제거한 뒤 주사위 모양으로 썬다.

팬에 불을 올리고 버터를 녹인 뒤 썰어놓은 사과를 넣어 재빨리 볶다가 설탕과 시나 몬가루를 넣는다. 사과에 금빛이 돌면 불에서 얼른 내려 식힌다. 이때 사과가 물러지지 않고 여전히 아삭함이 남아 있도록 익히는 게 중요하다.

불린 건포도는 물기를 없애 사과 졸인 것과 섞는다.

구운 사과 슬라이스

3 ••• 오븐을 180℃로 예열한다.

사과 껍질을 벗기고 씨를 제거해 반으로 자른 뒤 사과 사이즈에 따라 다시 4~5등분한다. 베이킹 시트 위에 유산지를 깐다. 작은 냄비를 불에 올리고 중탕으로 버터를 녹인 뒤(또는 전자레인지로 녹인다) 페이스트리 붓으로 잘라놓은 사과에 바른다. 그 위에 설탕을 뿌린 뒤 오븐에 10~12분간 굽는다. 사과는 아삭함이 남아 있을 정도로 굽는다.

타르트 셸 그리고 마무리

4 ••• 오븐을 170℃로 예열한다.

타르트 셸을 냉장고에서 꺼낸다. 포크로 도우 바닥을 콕콕 찍어 굽는 동안 도우가 부풀어 오르는 것을 막는다. 유산지는 셸 지름보다 크게 원형으로 잘라 도우 위에 올린 뒤 옆면과 구석까지 살살 눌러주어 뜨는 곳이 없도록 한다. 마른 콩이나 파이 웨이트를 유산지 위에 붓고 한쪽으로 무게가 쏠리지 않도록 고르게 편다.

5 ••• 타르트 셸은 연한 색깔이 나올 때까지 20분 정도 구워낸 다음 오븐에서 꺼내 마른
  콩과 유산지를 걷어낸다. 이때 색깔이 덜 났다 싶으면 이번에는 아무것도 덮지 말
  고 그대로 오븐에 잠깐 넣어 색만 살짝 더 낸 다음 꺼내 식힌다.

6 ••• 식힌 타르트에 시나몬 애플을 채우고 그 위를 구운 사과 슬라이스로 보기 좋게 장
  식한다. 냉장고에 두었다가 먹는다.
  취향에 따라 구운 아몬드를 뿌려 먹어도 좋다.

Chef's tip
윤기 흐르는 타르트를 만들고 싶다면 사과 슬라이스에 살구 글레이즈를 바르자.

Tartelettes Rhubarbe et Fraises des Bois
루바브 산딸기 타르트

타르트 셸을 만들 스위트 아몬드 페이스트리
도우 350g: 기본 레시피 페이지 참조
작업대에 뿌릴 다목적 밀가루 2 ½큰술
타르트 팬에 바를 버터 1 ½큰술

루바브 콤포트
루바브 600g
백설탕 ¼컵(45g)+백설탕 ⅓컵(60g)

펙틴 분말 2큰술(18g)
판 젤라틴 6장 또는 가루 젤라틴 1 ½큰술(11g)
물 ½컵(120ml)

산딸기 350g

조리 도구
타르트 팬 8개(지름 8~9cm, 높이 2cm)

스위트 아몬드 페이스트리 반죽과 루바브 콤포트는 하루 전에 미리 만들어놓는다.

루바브 콤포트

I ••• 루바브는 작은 칼로 단단한 껍질을 제거한다. 줄기를 쥐고 결을 따라 당겨 껍질을
벗긴 뒤 대충 다진다. 볼에 ¼컵(45g)의 설탕과 펙틴을 섞는다.
판 젤라틴은 아주 차가운 물이 담긴 볼에 넣고 부드러워지도록 10분 정도 둔 다음 꽉
짜서 물기를 완전히 없앤다.

•••

2 ••• 냄비에 물 ½컵(120ml)을 넣어 미지근하게 데운다. 여기에 설탕과 펙틴 섞은 것을 부어 계속 저으면서 끓인 뒤 잘라놓은 루바브를 더한다. 4~5분 더 끓이는데 루바브가 익어 부서질 정도면 적당하다. 루바브가 완전히 부드러워졌다 싶으면 나머지 설탕을 넣어 잘 섞어준다. 불에서 내려 물기를 제거해둔 젤라틴을 섞는다.

3 ••• 루바브 콤포트를 직사각 베이킹 접시에 옮겨 담는다. 얇은 층으로 고른 높이가 되게 펼친다. 완전히 식혀 랩으로 덮은 뒤 냉장고에 12시간 정도 둔다.

타르트 셸을 만들 스위트 아몬드 페이스트리

4 ••• 전날 만들어놓은 반죽을 준비한다. 우선 오븐을 170℃로 예열한다.
타르트 팬에 버터를 바른다. 작업대에 밀가루를 뿌리고 도우를 2mm 두께로 민다. 원형 페이스트리 커터나 작은 볼을 사용해 지름 12cm 정도의 원반 모양 8개를 찍어낸다. 타르트 팬에 살살 눌러 깐다. 타르트 셸은 연한 색깔이 나올 때까지 오븐에서 20분 정도 구운 뒤 식힌다.

5 ••• 식힌 타르트 셸에 루바브 콤포트를 채운다. 그 위를 딸기로 보기 좋게 장식한다. 먹기 전까지 냉장고에 둔다.

활용
산딸기 대신 다양한 종류의 딸기를 사용해도 무방하다. 붉은 베리류가 없다면 구운 사과 슬라이스를 올려도 맛이 좋다(사과 타르트 p.128 참조).

Tartes Tatin
타르트 타탱

타탱 사과
사과 12개

캐러멜
물 ½컵에서 1큰술 뺀 양(100ml)
백설탕 1 ½컵(300g)
버터 9큰술(125g)

퍼프 페이스트리
도우 500g: 기본 레시피 페이지 참조
작업대에 뿌릴 다목적 밀가루 2 ½큰술

조리 도구
지름 10cm 라미킨(작은 세라믹 베이킹 그릇) 8개
지름 13cm의 페이스트리 원형 커터

타탱 사과와 캐러멜

I ••• 사과는 껍질을 벗겨 3조각으로 크게 썰고, 버터는 잘게 썬다. 냄비에 설탕과 물을
넣고 섞어 전반적으로 황금빛 캐러멜색이 돌 때까지 가열한다.
불에서 내리고 곧바로 버터를 넣어 더 이상 익지 않도록 한다. 약간 거리를 두고 서서
균일하게 녹을 때까지 계속 젓는다. 캐러멜을 라미킨에 5mm 두께로 부은 뒤 식힌다.

2 ••• 오븐을 160℃로 예열한다.
썰어놓은 사과를 라미킨에 가능한 한 꽉 채워 담는다. 사과가 익으면서 반으로 줄어
드니 처음 담을 때 라미킨 키보다 더 높게 담도록 한다. 오븐에 넣어 30분 구운 다
음 꺼내 식힌다.

퍼프 페이스트리

3 •• 작업대에 밀가루를 뿌리고 퍼프 페이스트리 반죽을 민다. 페이스트리 원형 커터를 사용해 지름 13cm의 원반 모양으로 찍어내 냉장고에 30분 동안 넣어둔다. 오븐을 170℃로 예열한다.

4 •• 라미킨 위로 원반 모양 페이스트리를 올려 사과를 감싸주듯 덮은 뒤 라미킨 용기 안쪽 둘레를 따라 눌러 붙인다. 나중에 몰드에서 뺄 때까지 페이스트리가 사과와 붙어 제자리를 지켜야 한다. 오븐에 넣어 35분간 굽는다. 식힌 뒤 최소 2시간 이상 냉장고에 두어 캐러멜이 안정화되고 사과 속 펙틴이 젤리화될 시간을 준다.

5 •• 프라이팬에 물을 데운다. 물이 뜨거워지면 라미킨 바닥 쪽이 물에 잠기도록 라미킨을 한 번에 하나씩 담근다. 15초 정도 담갔다 꺼내면 그릇 안쪽의 굳은 캐러멜이 부드러워진다. 라미킨 안쪽 둘레를 따라 칼날을 한 바퀴 둘러 타르트를 떼어낸다. 페이스트리 쪽을 살짝 눌러 타르트를 빼내면서 방향을 뒤집어 사과 쪽이 위로 가게 해 곧장 접시에 담아낸다.

Chef's tip

타르트를 먹기 직전에 120℃ 오븐에 한 번 더 미지근하게 데워 휘핑크림과 함께 내도 좋다. 바닐라 아이스크림을 한 스쿱 더해도 타탱 사과와 맛이 잘 어울리는데, 뜨거운 것과 찬 것이 만나 이루는 상쾌한 대조가 미각을 즐겁게 자극한다.

LES ENTREMETS ET VERRINES

커스터드와 크림, 푸딩

Crème Brûlée
à la Fleur d'Oranger
오렌지 플라워 크렘 브륄레

지방을 빼지 않은 전유(全乳) ¾컵과 1큰술(200ml)
헤비 크림(더블 크림) 1컵과 1큰술(250ml)
달걀노른자 6개 분량
백설탕 ½컵에서 ½큰술 뺀 양(85g)
오렌지 플라워 워터 3 ⅓큰술(50ml)
장식을 위한 흑설탕 약 ¼컵(50g)

조리 도구
크렘 브륄레 몰드(지름 8~10cm, 높이 2~3cm)

I ••• 냄비에 우유와 크림을 넣어 끓인다.
큰 볼에 달걀노른자와 설탕을 넣고 색이 옅어질 때까지 젓는다. 여기에 우유와 크림
끓여놓은 것과 오렌지 플라워 워터를 조금씩 더해가며 섞는다.

2 ••• 오븐을 100℃로 예열한다.
크렘 브륄레 몰드에 반죽을 붓는다. 로스팅 팬 또는 테두리 높이가 어느 정도 되는
베이킹 시트 안쪽에 몰드를 배열한다. 오븐에 넣고 팬이나 시트에 물을 붓는데, 몰
드 높이보다 5mm 못 미치는 정도면 알맞다. 이렇게 중탕 가열 상태로 1시간 익힌다.
커스터드 크림이 부드러운 상태로 자리 잡으면 익은 것이다. 너무 익히기보다는 가
운데 부분이 살짝 흔들릴 정도가 적당하며, 칼끝처럼 뾰족한 것으로 찔러 보아 묻어
나지 않는지 확인한다.

•••

3 ●‥ 오븐에서 몰드를 꺼내 완전히 식힌다. 표면에 물기가 생기지 않도록 랩을 덮어 냉
   장고에 최소 2시간 넣어둔다.

4 ●‥ 크렘 브륄레를 먹을 때는 먼저 오븐을 브로일 기능에 맞추고 예열한다. 예열하는
   동안 냉장고에서 굳힌 커스터드 크림을 꺼내 표면에 흑설탕을 고루 뿌린다. 오븐에
   넣어 2분 정도 설탕을 캐러멜화하는데 너무 진한 색깔이 나지 않게 곁에서 지켜보며
   익히자. 완성된 크렘 브륄레는 오븐에서 꺼내자마자 바로 먹는다.

활용

바닐라 크렘 브륄레를 만들고 싶다면 오렌지 플라워 워터 대신 지방을 빼지 않은 우유
5큰술을 넣는다. 날카로운 칼로 바닐라빈을 길게 가른 뒤 칼끝으로 빈 안쪽을 긁어내
바닐라 씨를 얻는다. 우유와 크림을 냄비에 붓고 바닐라 씨와 바닐라빈 꼬투리를 함께
넣어 약한 불에 끓인다. 불에서 내린 뒤 뚜껑을 덮어 15분 정도 더 우려낸다. 바닐라빈
꼬투리를 골라낸 뒤 2번 과정부터 같은 방법으로 만들면 된다.

Crème Renversée au Caramel
크림 캐러멜

커스터드
바닐라빈 2개
지방을 빼지 않은 전유(全乳) 2 ½컵(600ml)
헤비 크림(더블 크림) 1 ⅔컵(400ml)
달걀 4개 + 달걀노른자 4개 분량
백설탕 1컵(200g)

캐러멜
물 10큰술 + 뜨거운 물 3큰술
백설탕 1 ¼컵(250g)

조리 도구
라미킨(작은 세라믹 베이킹 그릇) 8개

1 ••• 잘 드는 칼로 바닐라빈을 길게 가른 뒤 칼끝으로 빈 안쪽을 긁어내 바닐라 씨를
얻는다. 냄비에 우유와 크림을 붓고 바닐라빈 꼬투리와 바닐라 씨를 넣어 약한 불에
끓인다. 불에서 내려 곧바로 뚜껑을 덮고 15분간 더 우려낸다.

2 ••• 냄비에 물 10큰술과 설탕을 넣고 불에 올려 황금빛 캐러멜색이 될 때까지 가열
한다.
불에서 내리자마자 냄비 바닥을 찬물에 담가 더 이상 시럽이 익지 않게 한다. 곧장 뜨
거운 물 3큰술을 냄비에 넣는데 물이 사방으로 튀니 데지 않게 조심한다. 조금 거리
를 두고 서서 캐러멜과 물이 하나가 되도록 잘 젓는다. 혹시라도 냄비 바닥에 캐러멜
이 두껍게 눌어붙었다면 약한 불에 다시 올려 30초 정도 나무 주걱으로 저으면서 풀
어준다. 캐러멜을 라미킨에 3~4mm 두께로 부어 완전히 식힌다.

•••

3 •• 큰 볼에 달걀노른자와 설탕을 넣고 색이 옅어질 때까지 젓는다. 바닐라를 우려낸
우유와 크림에서 바닐라빈 꼬투리를 골라낸 뒤 다시 데운다. 뜨거워지면 그중 $\frac{1}{3}$만
달걀노른자와 설탕 혼합물에 부어 거품기로 살살 젓는다. 이때 거품이 나지 않게 주
의한다. 나머지도 부어 섞는다.

4 •• 오븐을 170℃로 예열한다.
3번 과정의 커스터드를 라미킨 높이보다 3mm 못 미치게 붓는다.
라미킨을 로스팅 팬에 배열한다. 오븐에 넣고 팬에 물을 붓는데 몰드 높이보다 5mm
정도 못 미치게 한다. 이런 중탕 가열 상태로 1시간 익힌다.

5 •• 오븐에서 꺼내 완전히 식힌 뒤 먹기 직전까지 냉장고에 넣어둔다.
라미킨 안쪽 둘레를 따라 칼날을 조심스럽게 한 바퀴 돌려 라미킨에서 크림 캐러멜을
떼어낸 뒤 담아낼 접시에 엎으면 된다.

Petits Pots de Crème à la Rose
장미 향의 구운 커스터드

지방을 빼지 않은 전유(全乳) ¾컵과 1큰술(200ml)
헤비 크림(더블 크림) 1컵과 1큰술(250ml)
달걀노른자 6개 분량
백설탕 ½컵에서 ½큰술 뺀 양(85g)
장미 시럽 4큰술
천연 장미 에센셜 오일 3방울
장미수 3큰술

조리 도구
커스터드 컵 8개(용량 60ml)_에스프레소 컵으로 대치
가능

1 ••• 냄비에 우유와 크림을 넣어 끓인다.
큰 볼에 달걀노른자와 설탕을 넣고 색이 옅어질 때까지 젓는다. 우유와 크림 끓여놓
은 것을 천천히 부어 섞어준 뒤 시럽과 에센셜 오일, 장미수를 더해 장미 커스터드
크림을 만든다.

2 ••• 오븐을 100℃로 예열한다.
컵에 장미 커스터드 크림을 부어 로스팅 팬에 배열한다. 오븐에 넣고 팬에 물을 붓
는데, 컵 높이보다 5mm 못 미치는 정도면 알맞다. 중탕 가열 상태로 1시간 익힌다.
커스터드 크림이 부드러운 상태로 자리 잡으면 익은 것이다. 너무 익히기보다는 가
운데 부분이 살짝 흔들릴 정도가 적당하며, 칼끝처럼 뾰족한 것으로 찔러 보아 묻어
나지 않는지 확인한다.

3 ••• 오븐에서 몰드를 꺼내 완전히 식힌다. 표면에 물기가 생기지 않도록 랩을 덮어 냉
장고에 최소 2시간 넣어둔다.

Oeufs à la Neige
스노 에그

스노 에그
지방을 빼지 않은 전유(全乳) 1L_크렘 앙글레즈를
만드는 데에도 쓰임
달걀흰자 10개 분량
백설탕 ½컵(100g)

크렘 앙글레즈
크렘 앙글레즈 4컵(1L): 기본 레시피 페이지 참조, 달걀
흰자를 익혀낸 우유를 사용해 만들 것

캐러멜
물 ½컵에서 1큰술 뺀 양(100ml)
백설탕 2컵(400g)

스노 에그

1 ··· 크고 깊은 팬에 우유를 부어 약한 불에 데운다. 절대 끓어 오르면 안 된다.

2 ··· 그동안 물기 없는 깨끗한 큰 볼에 달걀흰자 5개를 넣어 거품을 낸다. 충분한 양
의 거품이 올라오면 ¼컵(50g)의 설탕을 넣어 단단해질 때까지 거품기로 젓는다. 물
에 적신 숟가락 2개를 양손에 들고 거품 낸 흰자를 떠서 이쪽저쪽 옮겨가며 큼직한
커넬quenelle(3면을 가진 타원형)을 만든다. 커넬 담긴 숟가락을 뜨거워진 우유 위로 조심
히 가져가 커넬을 우유에 띄운다. 남은 흰자 전부를 같은 방법으로 커넬을 만들어 우
유에 띄운 뒤 불을 끈다. 만드는 동안 우유를 절대로 끓어 오르게 하지 말 것. 그렇지
않으면 달걀흰자가 거품 빠지듯 무너지면서 달걀 프라이처럼 변하고 말 것이다. 2분
익히고 뒤집어 2분 더 익힌다.
편평한 그물 국자(또는 구멍 뚫려 있는 큰 숟가락)를 이용해 흰자 커넬을 건져올려 물에
적신 깨끗한 행주나 종이 타월 위에서 식힌다.

3 •• 우유는 약한 불에 다시 데운다. 남은 달걀 5개와 설탕 ¼컵(50g)으로 2번 과정
을 반복한다.

크렘 앙글레즈

4 •• 위에서 사용한 우유를 체에 걸러 2컵과 2큰술(500ml)이 되는지 양을 확인한다.
기본 레시피를 참조해 크렘 앙글레즈를 만든 뒤 잘 식혀둔다.

캐러멜

5 •• 냄비에 분량의 물과 설탕을 넣고 불에 올려 황금빛 캐러멜색이 될 때까지 가열한
다. 불에서 내리자마자 냄비 바닥을 찬물에 30초간 담가 더 이상 시럽이 익지 않게
한다. 물에서 냄비를 꺼내 캐러멜이 균질한 상태가 되도록 숟가락으로 고루 젓는다.
식혀 놓은 흰자 커넬 위로 캐러멜을 부어 옷을 입힌다. 뜨거우니 데지 않게 조심한다.
혹시라도 캐러멜이 너무 묽다면 냄비를 찬물에 한 번 더 담가 캐러멜을 좀 더 식힌
뒤에 커넬에 붓는다.

6 •• 실온에 둔 크렘 앙글레즈를 오목한 접시에 붓고 그 위로 캐러멜 시럽을 입힌 흰
자 커넬을 조심스럽게 올린다.

Mousse au Chocolat
초콜릿 무스

다크 초콜릿(카카오 매스 70%) 320g
버터 5 ½큰술(80g)
달걀 8개
소금 약간
백설탕 ½컵에서 1큰술 뺀 양(80g)

장식을 위한 판 초콜릿 약간

조리 도구
지름 18mm 별 모양 깍지를 끼운 짜주머니

초콜릿 무스

1 ••• 초콜릿은 도마 위에 놓고 칼로 잘게 다져 내열 용기에 담는다. 버터를 잘게 잘라 초콜릿과 섞는다. 물이 가볍게 끓고 있는 팬에 내열 용기를 넣어 중탕하는데, 초콜릿과 버터가 잘 녹아 고루 섞일 때까지 계속 젓는다.
불에서 내려 미지근한 온도(18~20℃)로 식힌다.

2 ••• 달걀노른자와 흰자를 분리해 따로 볼에 담아놓는다.

3 ••• 달걀노른자를 거품기로 저어 물처럼 푼다.
달걀흰자는 물기 없는 깨끗한 볼에 담고 소금을 약간 넣는다. 거품기로 저어 거품을 낸다. 충분한 양의 거품이 올라오면 설탕을 더한 뒤 계속 저어 단단하고 탄력 있는 거품을 만든다.
곧바로 달걀노른자를 더해 거품기로 조심스럽게 섞는다. 거품을 내듯 세게 휘젓지 말고, 볼의 중앙 바닥을 향해 저어들어가 볼의 옆면을 타고 넘어오는 식으로 섞어 부드러우면서도 균질한 질감을 얻도록 한다.

•••

4 •·· 3번 과정에서 얻은 달걀 혼합물의 ¼을 초콜릿과 버터를 녹여놓은 냄비에 부은 뒤
　　고무 스패출러로 살살 접듯이 섞는다. 이렇게 섞은 것을 남아 있는 ¾의 달걀 혼합물
　　에 붓고 스패출러로 조심히 섞는다. 아까와 마찬가지로 볼 가운데로 파고들어 볼 옆
　　면을 타고 끌어올린 것을 다시 가운데로 덮어주는 식으로 살살 고르게 섞어나간다.

담아내기

5 •·· 여러 사람이 함께 먹을 수 있는 깊이 있는 큰 그릇을 준비해 초콜릿 무스를 옮겨
　　담는다. 냉장고에 3~4시간 둔다. 판 초콜릿을 칼등으로 긁어 나오는 대팻밥 같은 초
　　콜릿으로 무스 위를 장식한다(p.111 올 초콜릿 타르트의 8번 과정 참조).
　　1인용 무스를 만들고 싶다면 무스를 냉장고에서 먼저 15분 정도 굳힌 뒤에 별 모양
　　깍지를 끼운 짜주머니로 옮겨 담고 라미킨에 꽃 모양으로 짜 담아내면 완성.

Riz au Lait
라이스 푸딩

씨 없는 황금색 건포도(설타나 품종) ½컵(60g)
쌀(가능하면 아르보리오 품종) ¼컵(50g)
지방을 빼지 않은 차가운 전유(全乳) 2 ½컵(600ml)
천일염 약간

백설탕 2 ⅔큰술(35g)
달걀노른자 2개 분량
버터 2큰술(30g)

1 ••• 볼에 뜨거운 물을 붓고 건포도를 불린다.
쌀은 찬물에 씻어놓는다. 냄비에 물을 끓여 쌀을 넣고 1분간 익힌 뒤 체에 밭쳐 물을 빼놓는다.

2 ••• 냄비를 하나 더 준비해 우유와 소금을 넣어 끓인다. 거기에 쌀과 설탕을 더한다. 20분 정도 익혀 쌀이 우유 대부분을 흡수하게 둔 다음 불에서 내린다.

3 ••• 큰 볼에 달걀노른자를 담는다.
우유에 익힌 밥 중 ¼을 달걀노른자가 담긴 볼에 넣고 힘차게 섞은 뒤 냄비에 모두 옮긴다. 불려놓은 건포도의 물기를 빼 냄비에 넣는다. 버터를 넣어 잘 섞이도록 젓는다. 냄비를 불에 올려 내용물이 냄비에 눌어붙지 않도록 살살 저어가며 익힌다. 끓기 시작하면 바로 불에서 내린다.

Chef's tip
라이스 푸딩은 하루 전에 미리 만들어놓아도 상관없다.

4 ••• 라이스 푸딩을 큰 베이킹 접시에 붓는다. 식으면서 마르거나 굳지 않도록 랩으로 덮어둔다. 다 식으면 냉장고에 1시간 정도 넣어둔다. 특별히 담는 방식은 없고 접시에 라이스 푸딩을 편하게 담아내면 완성. 단, 라이스 푸딩은 차가워야 맛있으니 차게 내는 것을 잊지 말자.

Verrines Rose Framboise
라즈베리 로즈 베린

레이디 핑거

기본 레시피 페이지 참조. 준비할 재료 양은 아래와
같다.
다목적 밀가루 3큰술(25g)
감자 전분 2 ½큰술(25g)
달걀 3개
백설탕 ⅓컵과 1큰술(75g)
슈거파우더 2 ½큰술(20g)

로즈 바바루아 크림

판 젤라틴 4장 또는 가루 젤라틴 1큰술(7g)
달걀노른자 3개 분량
백설탕 2 ½큰술(30g)
지방을 빼지 않은 전유(全乳) 1컵과 1큰술(250ml)
장미수 3큰술
장미 시럽 4큰술
천연 장미 에센셜 오일 3방울
아주 차가운 헤비 크림(더블 크림) 1 ½컵(350ml)

장미 향 시럽

물 ½컵에서 1큰술 뺀 양(100ml)
장미수 2큰술
백설탕 ½컵과 2큰술(125g)
장미 시럽 2큰술

젤리 상태의 라즈베리 쿨리

판 젤라틴 4장 또는 가루 젤라틴 1큰술(7g)
라즈베리 6컵(750g)
백설탕 ⅓컵(70g)
레몬주스 2큰술
물 3큰술

마무리를 위한 라즈베리 32개
장식을 위한 라즈베리 8개와 장미 1송이

조리 도구

베린용 유리잔 8개(용량 180ml, 지름 7cm, 높이 7cm)

레이디 핑거

I ••• 레이디 핑거 반죽은 미리 만들어놓는다. 베린용 잔보다 지름이 1cm 작은 원반 모
양으로 16개를 굽는다(베린 하나당 2개씩 사용).

•••

로즈 바바루아 크림

2 ••• 아주 차가운 물을 담은 볼에 판 젤라틴을 넣고 부드럽게 풀어지도록 10분 정도
둔다.
큰 볼에 달걀노른자와 설탕을 넣고 색이 연해질 때까지 섞는다.
판 젤라틴을 건져 꼭 짜서 물기를 완전히 없앤다.

3 ••• 냄비에 우유와 장미수, 장미 시럽을 부어 데운다. 뜨거워지면 그중 $\frac{1}{3}$만 달걀노
른자와 설탕 혼합물에 붓는다. 거품기로 잘 섞어준 뒤 그것을 다시 냄비에 붓는다.
약한 불에 냄비를 올리고 나무 주걱으로 잘 저어가며 커스터드 크림이 되직해질 때
까지 끓인다. 나무 주걱을 들어 올려 크림이 막처럼 덮인 채 유지되면 알맞은 점도다.
또는 손가락으로 주걱 뒷면에 묻은 크림을 갈라 보아 자국이 그대로 남아 있으면 알
맞은 점도다. 이때 커스터드 크림을 절대로 센 불에서 끓이면 안 되니 주의할 것(최고
온도 85℃ 이하에서 조리해야 한다).
커스터드 크림의 농도가 적당해지면 불에서 내린 뒤 물기를 없앤 젤라틴을 얼른 넣어
더 이상 익지 않도록 한다. 볼에 내용물을 옮기고 5분간 계속 저어 바바루아 크림을
부드러운 상태로 만든다. 완전히 식힌 뒤 장미 에센셜 오일을 더한다.

장미 향 시럽

4 ••• 냄비에 물, 장미수, 설탕을 넣고 끓인다. 불에서 내려 장미 시럽을 넣은 뒤 식힌
다.

젤리 상태의 라즈베리 쿨리

5 ••• 큰 믹싱 볼을 냉동실에 넣어 차게 한다.
볼에 아주 차가운 물을 담고 판 젤라틴을 넣어 10분 정도 부드러워지게 둔다.
핸드 블렌더나 푸드 프로세서로 라즈베리와 설탕을 갈아 액체 상태로 만든다. 퓌레
를 고운 체에 밭쳐 한 번 내리는데, 숟가락으로 눌러주거나 긁어가면서 최대한의 과
육을 얻어낸다. 단, 씨는 들어가지 않도록 한다.
라즈베리 퓌레를 체에 거르는 마지막 단계에서 레몬주스와 물을 함께 부어주면 체 사
이사이에 끼어 있던 과육이 좀 더 쉽게 빠져나온다.

6 ••• 이렇게 얻은 라즈베리 퓌레의 ¼을 냄비에 담아 미지근하게 데운다. 젤라틴은
꽉 짜서 물기를 제거한 뒤 냄비에 넣고 잘 저어 녹인다. 이것을 남아 있는 퓌레 ¾에
다시 붓고 잘 섞어준다. 이렇게 완성된 쿨리를 베린용 잔에 한 층 부은 뒤 냉동실에
서 굳힌다.

•••

바바루아 크림의 마지막 단계와 마무리

7 ••• 냉동실에 보관한 볼을 꺼내 차가운 헤비 크림을 붓는다. 크림이 되직해지고 단단
해질 때까지 힘차게 거품기로 젓는다.
굳을락말락 한 상태의 로즈 바바루아 크림을 거품기로 저어 부드럽게 만든다. 고무
스패출러로 저어놓은 헤비 크림을 바바루아 크림에 넣고 살살 접듯이 섞은 다음 실
온에 둔다.

8 ••• 베린용 잔을 냉동실에서 꺼낸다. 레이디 핑거를 장미 향 시럽에 살짝 담갔다 꺼
내어 베린용 잔 속 젤리 상태의 라즈베리 쿨리 위에 얹는다. 반으로 가른 라즈베리
4조각을 올리고 그 위를 바바루아 크림으로 덮는다. 10분 정도 냉동실에서 굳힌다.
젤리 상태 라즈베리 쿨리—(장미 향 시럽에 담근) 레이디 핑거—반 자른 라즈베리 4쪽—
바바루아 크림 순으로 이 단계를 한 번 더 반복해 올린다.
두 번째 올린 바바루아 크림이 굳으면 마지막으로 쿨리를 한 번 더 얇게 덮어준다.
장미 꽃잎과 라즈베리로 장식해 완성한다.

Verrines Passion Noix de Coco
코코넛 패션프루츠 베린

코코넛 스펀지케이크
아몬드 간 것(아몬드가루) ½컵에서 1큰술 뺀 양(40g)
슈거파우더 ⅔컵(80g)
코코넛 간 것(코코넛가루) ¼컵(40g)
달걀흰자 3개 분량
백설탕 2 ½큰술(30g)

젤리 상태의 패션프루츠 쿨리
판 젤라틴 3장 또는 가루 젤라틴 ¾큰술(5g)
패션프루츠 주스 1 ½컵과 2큰술(400ml)

패션프루츠 크림
판 젤라틴 2 ½장 또는 가루 젤라틴 2/3큰술(4g)
백설탕 ⅓컵(60g)
옥수수 전분(옥수수가루) 3큰술(25g)

헤비 크림(더블 크림) 1 ⅓컵(320ml)
패션프루츠 주스 1 ¼컵(300ml)

코코넛 젤리
판 젤라틴 3장 또는 가루 젤라틴 ¾큰술(5g)
지방을 빼지 않은 차가운 전유(全乳) ¾컵과 1큰술
(200ml)
코코넛 간 것(코코넛가루) ⅓컵(50g)
코코넛 펄프 150g

조리 도구
베린용 유리잔 8개(용량 180ml, 지름 7cm, 높이 7cm)
지름 10mm 깍지를 끼운 짜주머니

코코넛 스펀지케이크

I ••• 큰 볼에 아몬드 간 것, 슈거파우더, 코코넛 간 것을 넣고 섞는다.
물기 없는 깨끗한 큰 볼에 달걀흰자 5개를 넣어 거품을 낸다. 충분한 양의 거품이 올
라오면 설탕을 넣어 다 녹을 때까지 젓는다. 고무 스패츌러로 코코넛과 아몬드 섞어
놓은 것을 거품 낸 흰자에 넣어 접어주듯 살살 섞는다.

•••

2 ·· 오븐을 170℃로 예열한다.

기본 깍지를 끼운 짜주머니에 반죽을 옮겨 담는다. 베이킹 시트 위에 유산지를 깔고 베린용 잔 지름보다 1cm 작은 원반 모양으로 16개를 짠다. 오븐에 넣고 15분 구운 뒤 식힌다.

젤리 상태의 패션프루츠 쿨리

3 ·· 아주 차가운 물을 담은 볼에 판 젤라틴을 넣고 부드럽게 풀어지도록 10분 정도 둔다.

냄비에 패션프루츠 주스 $\frac{1}{4}$컵(80ml)을 담아 미지근하게 데운다. 판 젤라틴을 건져 꼭 짜서 물기를 완전히 없앤 뒤 냄비에 넣고 잘 저어 녹인다. 이것을 남아 있는 패션프루츠 주스에 다시 부어 잘 섞는다. 이렇게 완성된 쿨리를 베린용 잔에 한 층 붓고 냉동실에 넣어 굳힌다.

패션프루츠 크림

4 ·· 아주 차가운 물을 담은 볼에 판 젤라틴을 넣고 부드럽게 풀어지도록 10분 정도 둔다.

큰 믹싱 볼을 냉동실에 넣어 차게 한다.

큰 믹싱 볼을 하나 더 준비해 설탕과 옥수수 전분, 헤비 크림 $\frac{1}{6}$컵(50ml)을 넣고 섞는다.

냄비에 패션프루츠 주스와 헤비 크림 ½컵(120ml)을 넣고 약한 불에 데운 후 설탕과 옥수수 전분과 헤비 크림을 섞어놓은 볼에 붓는다. 다시 이것을 냄비에 옮겨 담는다. 거품기로 쉬지 않고 저어주면서 끓인다. 이렇게 완성된 패션프루츠 크림을 볼에 옮긴다.
판 젤라틴을 건져 꼭 짜서 물기를 완전히 없앤 뒤 아직 온기가 남아 있는 패션프루츠 크림에 섞어 잘 녹인 다음 식게 둔다.

5 ••• 냉동실에서 차게 둔 믹싱 볼을 꺼내 남겨둔 차가운 헤비 크림 ⅔컵(150ml)을 붓는다. 크림이 되직해지고 단단해질 때까지 힘차게 거품기로 젓는다.
패션프루츠 크림을 거품기로 저어 부드럽게 만든다. 잘 저어놓은 헤비 크림을 고무 스패출러로 패션프루츠 크림에 더해가며 살살 접듯이 섞는다.

코코넛 젤리

6 ••• 아주 차가운 물을 담은 볼에 판 젤라틴을 넣고 부드럽게 풀어지도록 10분 정도 둔다. 냄비에 우유를 미지근하게 데운 뒤 코코넛 간 것을 넣어 잘 섞는다.
판 젤라틴을 건져 꼭 짜서 물기를 완전히 없앤 뒤 우유 코코넛을 냄비에 넣고 잘 젓는다. 실온(18℃)으로 식으면 그때 코코넛 펄프를 넣고 잘 섞어서 실온에 둔다.

•••

마무리

7 ●∙∙ 베린용 잔을 냉동실에서 꺼낸다. 코코넛 스펀지케이크를 베린용 잔 속 젤리 상태
의 쿨리 위에 얹는다. 그 위를 패션프루츠 크림으로 덮고 냉동실에서 굳힌다.
크림 위를 코코넛 젤리로 한 층 덮어 다시 냉동실에서 굳힌다.
패션프루츠 크림과 코코넛 젤리 층을 2회 반복해 얹어 굳힌다. 그 위로 두 번째의 코
코넛 스펀지케이크를 깔고 패션프루츠 크림으로 덮어준다.
각각의 층이 깔끔하게 굳어 자리 잡을 수 있게 매번 냉동실에 두는 시간을 충분히 갖
도록 한다. 맨 위층은 젤리 상태의 패션프루츠 쿨리를 한 층 올려 장식한다. 먹기 직
전까지 냉장고에 보관한다.

Chef's tip

코코넛 패션프루츠 베린은 이국적 과일로 만든 샐러드에 곁들여내거나 코코넛 튈과 함
께 내도 잘 어울린다.

Verrines Pistache Griottes
체리 피스타치오 베린

피스타치오 다쿠아즈(머랭)
피스타치오 페이스트 2작은술(10g)
아몬드 간 것(아몬드가루) ¾컵(70g)
슈거파우더 ⅔컵(80g)
껍질을 깐 생 피스타치오 2큰술(15g)
달걀흰자 3개 분량
백설탕 2 ½큰술(30g)

피스타치오 바바루아 크림
판 젤라틴 3장 또는 가루 젤라틴 ¾큰술(5g)
달걀노른자 3개 분량
백설탕 2 ⅔큰술(35g)
피스타치오 페이스트 2 ½큰술(40g)
지방을 빼지 않은 전유(全乳) 1컵과 1큰술(250ml)
아주 차가운 헤비 크림(더블 크림) 1컵과 2큰술(280ml)
키르슈 2작은술

체리 콩피
판 젤라틴 3장 또는 가루 젤라틴 ¾큰술(5g)
백설탕 ½컵(100g)
펙틴 분말 2 ⅓큰술(20g)
물 ⅓컵(70ml)
씨를 뺀 체리(가능하면 신맛 나는 체리) 700g

바삭한 사블레 페이스트리 크럼블
도우 300g: 기본 레시피 페이지 참조

조리 도구
베린용 유리잔 8개(용량 180ml, 지름 7cm, 높이 7cm)
지름 10mm 깍지를 끼운 짜주머니

피스타치오 다쿠아즈

I •• 피스타치오 페이스트를 볼에 담는다.
아몬드 간 것, 슈거파우더, 피스타치오를 푸드 프로세서에 넣고 곱게 간다.
오븐을 170℃로 예열해 놓는다.
물기 없는 깨끗한 큰 볼에 달걀흰자 5개를 넣어 거품을 낸다. 충분한 양의 거품이 올라오면 설탕을 넣어 다 녹을 때까지 젓는다.

2 ••• 거품 낸 흰자 일부를 피스타치오 페이스트에 섞어 풀어준 뒤 그것을 남아 있는 거품 흰자 볼에 붓는다. 고무 스패츌러로 아몬드와 피스타치오, 설탕 갈아놓은 것을 거품 흰자에 마저 넣고 살살 접듯이 섞는다.

이 반죽을 기본 깍지를 끼운 짜주머니에 옮겨 담는다. 베이킹 시트 위에 유산지를 깔고 베린용 잔 지름보다 1cm 작은 원반 모양으로 16개를 짠다. 오븐에 넣고 15분 정도 구워 식힌다.

피스타치오 바바루아 크림

3 ••• 아주 차가운 물을 담은 볼에 판 젤라틴을 넣고 부드럽게 풀어지도록 10분 정도 둔다.

큰 믹싱 볼을 냉동실에 넣어 차게 한다.

큰 볼을 하나 더 준비해 달걀노른자와 설탕을 넣어 색이 연해질 때까지 거품기로 저은 뒤 피스타치오 페이스트를 섞는다.

판 젤라틴을 건져내 꼭 짜서 물기를 완전히 없앤다.

4 ••• 냄비에 우유를 미지근하게 데운다. 뜨거워진 우유의 ⅓을 달걀노른자와 설탕, 피스타치오 페이스트를 섞어놓은 것에 붓는다. 거품기로 잘 섞어준 뒤 그것을 다시 냄비에 붓는다.

약한 불에 냄비를 올리고 나무 주걱으로 잘 저어가며 커스터드가 되직해질 때까지 끓인다. 나무 주걱을 들어 올려 크림이 막처럼 덮인 채 유지되면 알맞은 점도다. 또는 손가락으로 주걱 뒷면에 묻은 크림을 갈라 보아 자국이 그대로 남아 있으면 알맞은 점도다. 이때 커스터드 크림을 절대로 센 불에서 끓이면 안 되니 주의할 것(최고 온도 85℃ 이하에서 조리해야 한다). 커스터드의 농도가 적당해지면 불에서 내린 뒤 물기 없앤 젤라틴을 얼른 넣어 더 이상 익지 않도록 한다. 볼에 내용물을 옮기고 5분간 계속 저어 바바루아 크림을 부드러운 상태로 만든 뒤 식힌다.

체리 콩피

5 ··· 아주 차가운 물을 담은 볼에 판 젤라틴을 넣고 부드럽게 풀어지도록 10분 정도 둔다.

볼에 설탕과 펙틴을 넣고 섞는다. 냄비에 물을 미지근하게 데워 설탕과 펙틴 섞은 것을 붓는다. 끓으면 체리를 넣는다. 약한 불에 5분 정도 더 익힌다. 불에서 내린 뒤 물기를 없앤 젤라틴을 넣어 섞는다. 베이킹 접시에 펼쳐 10분 정도 식게 둔다.

마무리 그리고 바바루아 크림의 마지막 단계

6 ··· 베린용 잔에 체리 콩피를 한 층 깐다. 냉동실에서 굳힌다.

그동안 냉동실에서 차게 한 볼을 꺼내 차가운 헤비 크림을 붓는다. 크림이 되직해지고 단단해질 때까지 힘차게 거품기로 젓는다.

바바루아 크림을 거품기로 저어 부드럽게 만든 뒤 키르슈를 섞는다. 여기에 고무 스패출러로 잘 저어놓은 헤비 크림을 더해가며 살살 접듯이 섞은 다음 실온에 둔다.

7 ··· 베린용 잔을 냉동실에서 꺼낸다. 코코넛 스펀지케이크를 베린용 잔 속 체리 콩피 위로 얹는다. 그 위에 피스타치오 바바루아 크림을 덮는다. 냉동실에서 10분 정도 굳힌다.

크림 위에 체리 콩피를 한 층 더 덮고 냉동실에서 10분 굳힌다.

두 번째 다쿠아즈를 얹고 바바루아 크림으로 덮어준 다음 다시 냉동실에 굳힌다.

맨 위층에 달콤하고 바삭한 사블레 페이스트리 크럼블을 얹어 완성한다.

Verrines Mont-Blanc

몽블랑 베린

머랭

p.338 레시피 참조

밤 국수

설탕을 가미하지 않은 밤 페이스트 200g
럼 2큰술
설탕을 가미하지 않은 밤 퓌레 400g
밤 크림 200g

샹티이 크림

샹티이 크림 4컵(500g): 기본 레시피 페이지 참조

장식을 위한 설탕에 졸인 밤 4개(반 갈라 8조각으로 사용)

조리 도구

베린용 유리잔 8개(용량 180ml, 지름 7cm, 높이 7cm)
지름 14mm 깍지를 끼운 짜주머니
국수 모양 깍지를 끼운 짜주머니(없을 경우는 지름 10mm 깍지를 사용)

머랭

1 ••• 머랭 반죽을 만든다(p.338의 1번, 2번 과정 참조).
오븐을 100℃로 예열해 놓는다.

2 ••• 지름 14mm 깍지를 끼운 짜주머니에 반죽을 담는다. 베이킹 시트 위에 유산지를 깔고 중앙에서부터 나선형으로 반죽을 짜 지름 6cm의 원반 모양 8개를 만든다. 오븐에 넣고 2시간 정도 굽는다.
오븐에서 꺼내 식힌 뒤 밀폐 용기에 담아 시원하고 습하지 않은 곳에 둔다.

•••

밤 국수

3 ••• 큰 볼에 밤 페이스트를 담고 럼을 넣어 풀어준다. 밤 퓌레와 밤 크림도 넣어 잘
섞은 후 냉장고에 둔다.

샹티이 크림

4 ••• 샹티이 크림을 만든다(기본 레시피 참조).

마무리

5 ••• 밤 국수 반죽을 국수 모양 깍지(지름 10mm 깍지로 대치 가능)를 끼운 짜주머니에 옮
겨 담는다(둘 다 없을 경우에는 그냥 숟가락을 사용하자). 베린용 잔에 2cm 두께로 밤 국
수를 짠다.
둥근 머랭판을 그 위에 올리고 샹티이 크림을 짜 올린다.
설탕에 졸인 밤을 반쪽 올려 장식한다.

LES GROS GÂTEAUX

케이크

Intensément Chocolat
진한 초콜릿 케이크

초콜릿 마카롱
아몬드 간 것(아몬드가루) ¾컵과 2큰술(85g)
슈거파우더 ⅔컵(80g)
설탕을 가미하지 않은 코코아파우더 1큰술(5g)
초콜릿(카카오 매스 최소 70%) 20g
달걀흰자 2개 + 거품 낸 달걀흰자 1큰술
백설탕 ⅓컵(70g)

다크 초콜릿 스펀지케이크
다목적 밀가루 2 ½큰술(20g)
감자 전분 1 ½큰술(15g)
설탕을 가미하지 않은 코코아파우더 2큰술(10g)
달걀 2개
백설탕 ¼컵(50g)

코코아 시럽
백설탕 2큰술(25g)
설탕을 가미하지 않은 코코아파우더 1큰술(5g)
물 5큰술

다크 초콜릿 가나슈
초콜릿(카카오 매스 최소 70%) 125g
헤비 크림(더블 크림) ½컵(125ml)
버터 2큰술(30g)

초콜릿 무스
달걀 4개
백설탕 3큰술(40g)
초콜릿(카카오 매스 최소 70%) 160g
버터 3큰술(40g)
소금 약간

다크 초콜릿 글레이즈
초콜릿(카카오 매스 최소 70%) 100g
헤비 크림(더블 크림) ⅓컵(80ml)
지방을 빼지 않은 전유(全乳) 2 ⅔큰술(40g)
백설탕 1 ½큰술(20g)
버터 1 ½큰술(20g)

장식을 위한 다크 초콜릿 플레이크 약간

조리 도구
원형 링 몰드(지름 20cm, 높이 4cm)
지름 10mm 깍지를 끼운 짜주머니
원형 종이 케이크 받침
페이스트리 붓

초콜릿 마카롱

I ••• p.18 초콜릿 마카롱 레시피를 참조해 마카롱 셸 반죽을 만드는데, 양은 앞 페이지에 소개된 대로 준비한다. 유산지를 깐 베이킹 시트를 양쪽으로 2장 펼친다. 지름 20cm의 원을 각각의 유산지에 그린다. 기본 깍지를 끼운 짜주머니에 마카롱 반죽을 옮겨담은 뒤 한쪽 유산지에만 원을 따라 반죽을 짜 원반 모양을 만든다. 150℃로 예열한 오븐에 25분 정도 구워 식힌다.

다크 초콜릿 스펀지케이크

2 ••• 오븐을 170℃로 예열한다.
밀가루, 감자 전분, 코코아파우더를 함께 체에 내린다.
달걀노른자와 흰자를 분리한다. 볼에 달걀노른자를 담고 가볍게 저어 물처럼 풀어 놓는다.

3 ••• 물기 없이 깨끗한 큰 볼을 준비해 달걀흰자를 거품 낸다. 충분한 양의 거품이 올라오면 설탕을 넣어 단단해질 때까지 젓는다. 곧바로 달걀노른자 푼 것을 붓고 고무 스패출러로 살살 접듯이 섞어준다. 체에 내린 밀가루, 감자 전분, 코코아파우더를 넣고 조심스럽게 섞는다.
이 반죽을 기본 깍지를 끼운 짜주머니에 옮겨 담는다. 남은 유산지의 원을 따라 반죽을 짜 원반 모양을 만든 뒤 오븐에 12분 정도 굽는다.

코코아 시럽

4 ••• 냄비에 설탕과 코코아파우더를 붓는다. 물을 넣고 끓인 뒤 식힌다.

다크 초콜릿 가나슈

5 ••• 도마에 초콜릿을 놓고 칼로 잘게 다져 큰 볼에 담는다. 냄비에 크림을 끓여 초콜
릿 위로 3회에 나눠 붓는다. 크림을 더할 때마다 나무 주걱으로 고루 저어 잘 녹인 뒤
다시 크림 붓기를 반복한다. 균질하게 섞이게 잘 젓는다. 버터를 잘게 잘라 초콜릿
가나슈와 합쳐 부드러워질 때까지 잘 젓는다.

마무리 시작

6 ••• 원반 모양의 초콜릿 마카롱과 다크 초콜릿 스펀지케이크를 몰드 크기에 맞춰 다
듬는다.
둥근 접시에 종이 케이크 받침을 올린다. 몰드 안쪽을 쿠킹 포일로 두른 뒤(나중에 몰
드에서 케이크를 빼내기 쉽도록) 케이크 받침 위에 놓는다.
몰드 바닥에 마카롱 원반을 자리 잡게 한 뒤 가나슈를 부은 채로 냉장고에 넣어둔다.

초콜릿 무스

7 ··· p.156 초콜릿 무스 레시피를 참조해 무스를 만드는데, 양은 앞 페이지에 소개된 대로 준비한다.

6번 과정에서 냉장고에 넣어둔 1차 성형물을 꺼낸다. 기본 깍지를 끼운 짜주머니에 초콜릿 무스를 담아 나선형으로 짜서 한 층 얇게 깐다. 그 위로 초콜릿 스펀지케이크 원반을 얹고 페이스트리 붓으로 코코아 시럽을 발라 케이크를 촉촉하게 적신다. 남은 초콜릿 무스로 몰드의 꼭대기까지 채운 뒤 표면을 매끄럽게 정리한다. 냉장고에 2시간 넣어둔다.

냉장고에서 꺼내 몰드와 쿠킹 포일을 벗겨낸다. 케이크를 랩으로 싸서 냉동실에 30분 정도 두어 차게 한다.

다크 초콜릿 글레이즈

8 ··· 도마에 초콜릿을 놓고 칼로 잘게 다져 큰 볼에 담아놓는다. 냄비에 크림, 우유, 설탕을 끓여 초콜릿 위에 붓는다. 버터를 넣고 하나로 녹아들 때까지 잘 저어 글레이즈를 만든 다음 미지근하게 식힌다.

9 ··· 깨끗한 베이킹 시트 위에 식힘망을 놓는다. 초콜릿 글레이즈가 미지근해지면 냉동실에서 케이크를 꺼내 식힘망 위에 올린다. 랩을 벗긴 다음 곧장 국자로 글레이즈

를 부어가며 케이크 전체에 옷을 입힌다. 팔레트 나이프(또는 손잡이 앞부분이 L자 형태로 꺾여 편리한 오프셋 스패출러)를 이용해 글레이즈의 표면을 매끄럽게 손질한다. 그대로 2분 정도 둔다.

칼끝을 케이크 받침과 식힘망 사이로 넣어 케이크를 살짝 들어준다. 바닥 쪽에 붙은 여분의 글레이즈를 칼로 쳐낸 뒤 케이크 하단부 둘레로 초콜릿 플레이크를 묻힌다. 가는 띠 모양의 화이트 초콜릿과 다크 초콜릿을 긁어낸 것으로 케이크 위를 장식해 마무리한다.

Chef's tip

몰드와 같은 사이즈의 케이크 받침을 사용하면 글레이징을 하기 위해 마무리 접시에서 식힘망으로 케이크를 옮길 때 훨씬 안전하다. 만일 케이크 받침이 없다면 두꺼운 종이를 알맞은 크기로 오려 쿠킹 포일로 싸서 사용하면 된다.

Charlotte Framboise
라즈베리 샤를로트

레이디 핑거

p.334 레시피 참조. 재료 양은 2배로 준비한다.

장미 향 시럽

p.162 라즈베리 로즈 베린 참조. 재료 양은 반만 준비한다.

로즈 바바루아 크림

p.162 라즈베리 로즈 베린 참조. 재료 양은 그대로 하고
판 젤라틴 1장 또는 가루 젤라틴 ¼큰술(2g)만 추가한다.

라즈베리 4컵(500g)
빨간 장미 1송이(농약을 뿌리지 않고 키운 것)

조리 도구

원형 링 몰드(지름 20cm, 높이 5cm)
지름 10mm 깍지를 끼운 짜주머니
지름 14mm 깍지를 끼운 짜주머니
페이스트리 붓

레이디 핑거

1 ••• 유산지를 깐 베이킹 시트를 3장 펼친다. 그중 2장의 유산지에 지름 18cm의 원을
각각 그린다. 양을 2배로 한 레이디 핑거 반죽을 만든다(p.334).

2 ••• 오븐을 170℃로 예열한다.
반죽의 일부를 지름 10mm 깍지를 끼운 짜주머니로 옮겨 담은 뒤 아무것도 그리지
않은 유산지 위에 6×2cm 막대 모양으로 35개를 짠다. 그 위에 고운 체에 내린 슈거
파우더를 뿌린다. 10분 정도 놔둔다.

3 ••• 그동안 남은 반죽을 지름 14mm 기본 깍지를 끼운 짜주머니에 담는다. 2장의 유산지에 그려놓은 원을 따라 중앙에서부터 나선형으로 반죽을 짜 원반 2개를 만든다. 슈거파우더를 뿌려놓은 35개의 레이디 핑거에 한 번 더 슈거파우더를 뿌린다. 곧바로 베이킹 시트 3개 모두를 오븐에 넣어 색이 연하게 날 때까지 10분 정도 굽는다. 오븐에서 꺼내 식힌다.

장미 향 시럽과 로즈 바바루아 크림

4 ••• p.162 라즈베리 로즈 베린 레시피를 따라 장미 향 시럽을 준비하는데, 재료 양은 반으로 하고, 바바루아 크림은 샤를로트의 높이를 맞추기 위해 판 젤라틴을 1장 추가해 만든다.

마무리

5 ••• 몰드 안쪽으로 쿠킹 포일을 둘러 나중에 몰드에서 케이크를 빼내기 쉽게 한다. 구워낸 스펀지케이크 원반들이 몰드보다 크면 잘라내어 크기를 맞춘다. 스펀지케이크 두께는 1cm 정도면 좋은데 혹시 너무 두꺼우면 가장자리를 다듬는다. 몰드 안에 스펀지케이크 원반 하나를 넣고 페이스트리 붓으로 시럽을 가볍게 묻힌다. 레이디 핑거를 몰드 안쪽 벽을 따라 하나하나 세워 나가는데, 나중에 몰드에서 뺐을 때 보기 좋도록 사진처럼 레이디 핑거의 윗면이 바깥쪽을 바라보게 세운다.

6 ••• 케이크 위를 장식할 라즈베리를 넉넉히 준비한다.
국자를 이용해 바바루아 크림을 몰드 안쪽으로 부어 얇은 층으로 깐다. 크림 위로 라즈베리를 여러 겹 성기게 쌓아올린다. 라즈베리를 살짝 덮어주는 느낌으로 바바루아 크림을 한 번 더 붓는다. 두 번째 스펀지케이크 원반을 올린 뒤 바바루아 크림-라즈베리-바바루아 크림 순으로 올리는 단계를 한 번 더 반복한다.
냉장실에 2시간 차게 둔다.
케이크 위를 남은 라즈베리와 장미 꽃잎으로 장식한다.

Charlotte Rhubarbe Fraises
딸기 루바브 샤를로트

루바브 콩포트

루바브(껍질을 벗겨 가늘게 썬 것) 240g
백설탕 1 ½큰술(20g)+백설탕 2큰술(25g)
펙틴 분말 2작은술(6g)
판 젤라틴 4장 또는 가루 젤라틴 1큰술(7g)
물 3 ⅓컵(50g)

레이디 핑거 스펀지케이크

p.334 레시피 참조. 재료 양은 2배로 준비한다.
녹색 식용색소 약간

딸기 바바루아 크림

딸기 1 ¾컵(250g)
판 젤라틴 5장 또는 가루 젤라틴 1 ¼큰술(9g)
달걀노른자 3개 분량
백설탕 ⅓컵과 1큰술(75g)
지방을 빼지 않은 전유(全乳) ⅓컵과 1큰술(100ml)
아주 차가운 헤비 크림(더블 크림) ⅔컵(150ml)

중간 사이즈 딸기 2 ½컵(375g)

조리 도구

원형 링 몰드(지름 20cm, 높이 5cm)
지름 10mm 깍지를 끼운 짜주머니

루바브 콩포트

1 ••• p.132 루바브 산딸기 타르트 레시피를 참조해 루바르 콩포트를 만든다. 재료 양
은 위의 안내를 따라 준비한다.

레이디 핑거 스펀지케이크

2 ••• 유산지를 깐 베이킹 시트를 3장 펼친다. 그중 2장의 유산지에 지름 20cm의 원을
각각 그리고 남은 1장 위에는 32×12cm 직사각형을 그린다.
p.334 레시피를 참조해 레이디 핑거 반죽을 만드는데, 양은 2배로 하고 녹색 식용색
소를 조금 더해 색을 낸다.

•••

3 ••• 오븐을 170℃로 예열한다.

반죽의 일부로 그려놓은 직사각형을 채우는데, 오프셋 스패츌러를 이용해 5mm 두께로 바른다. 남은 반죽은 기본 깍지를 끼운 짜주머니로 옮긴 뒤 그려놓은 2개의 원을 채우듯 중앙에서부터 나선형으로 짜 나간다. 베이킹 시트 3장 모두를 곧장 오븐에 넣어 10분 동안 굽는다. 오븐에서 꺼내 식힌다.

딸기 바바루아 크림

4 ••• 큰 믹싱 볼을 냉동실에 넣어 차게 한다.

딸기를 깨끗이 씻어 물기를 뺀 후 꼭지를 따고 반으로 가른다.

아주 차가운 물을 담은 볼에 판 젤라틴을 넣고 부드럽게 풀어지도록 10분 정도 둔다.

큰 볼에 달걀노른자와 설탕을 넣고 색이 연해질 때까지 섞는다.

판 젤라틴을 건져 꼭 짜서 물기를 완전히 없앤다.

5 ••• 냄비에 우유를 미지근하게 데운다. 뜨거워진 우유의 ⅓은 달걀노른자와 설탕을 섞어놓은 것에 붓는다. 거품기로 잘 섞어준 뒤 그것을 다시 냄비에 붓는다.

약한 불에 냄비를 올리고 나무 주걱으로 잘 저어가며 커스터드가 되직해질 때까지 끓인다. 나무 주걱을 들어 올려 크림이 막처럼 덮인 채 유지되면 알맞은 점도다. 또는 손가락으로 주걱 뒷면에 묻은 크림을 갈라 보아 자국이 그대로 남아 있으면 알맞은 점도다. 이때 커스터드 크림을 절대로 센 불에서 끓이면 안 되니 주의할 것(최고 온도 85℃ 이하에서 조리해야 한다).

커스터드의 농도가 적당해지면 불에서 내린 뒤 물기를 없앤 젤라틴을 얼른 넣어 더 이상 익지 않도록 한다. 볼에 내용물을 옮겨 5분간 계속 저어 바바루아 크림을 부드러운 상태로 만든 다음 완전히 식힌다.
반 갈라놓은 딸기를 넣고 핸드 블렌더나 전기 믹서로 잘 섞는다. 바바루아 크림이 막 굳기 시작할 정도까지만 냉장고에 넣어둔다.

마무리 시작

6 ••· 몰드 안쪽으로 쿠킹 포일을 둘러 나중에 몰드에서 케이크를 빼내기 쉽게 한다. 구워낸 직사각형 케이크를 뒤로 뒤집어 구울 때 사용했던 바닥의 유산지를 떼어낸다. 떼어낸 유산지를 폭 5cm 띠 모양이 되도록 길게 잘라 2조각을 만든다. 첫 번째 조각을 몰드 안쪽으로 둘러주는데 틀 안쪽 면을 따라 직각으로 세워 두른다. 몰드 높이와 맞아떨어질 것이다. 첫 번째 조각에 이어 두 번째 조각을 빡빡한 느낌이 들도록 몰드 안쪽으로 마저 두른다. 몰드 위쪽으로 튀어나온 부분이 있으면 작은 칼로 깔끔히 정리해준다.

7 ••· 구운 스펀지케이크 원반이 몰드보다 크면 맞춰 다듬는다. 케이크 두께는 1cm 정도가 좋은데 너무 두꺼우면 필요한 만큼 가장자리를 잘라낸다. 몰드 안에 스펀지케이크 원반을 하나 넣고 젤리 형태 루바브 콤포트를 채운 뒤 냉장고에 넣는다.

••·

바바루아 크림 마지막 단계 그리고 마무리

8 ... 냉동실에서 차게 한 볼을 꺼내 차가운 헤비 크림을 붓는다. 크림이 되직해지고 단
단해질 때까지 힘차게 거품기로 젓는다.
굳을락말락 한 바바루아 크림을 거품기로 저어 부드럽게 만든다. 고무 스패츌러로
잘 저어놓은 헤비 크림을 넣어가며 살살 접듯이 섞는다.
실온에 둔다.

9 ... 딸기를 깨끗이 씻어 물기를 뺀 후 꼭지를 따고 반으로 가른다. $\frac{7}{8}$컵(125g)의 딸기
를 5mm 두께로 얇게 썬다.
냉장고에 두었던 1차 성형물을 꺼낸다. 국자를 이용해 바바루아 크림을 몰드 높이
반까지 오게 붓고 얇은 층을 만든 뒤 두 번째 스펀지케이크 원반(두께 1cm)을 얹는다.
그 위로 잘라놓은 딸기를 올리고 몰드에 넘치지 않도록 바바루아 크림을 얹어 가볍
게 덮어준다.
냉장고에 2시간 넣어둔다.
남은 딸기 1 $\frac{3}{4}$컵(250g)은 반으로 갈라 케이크 위에 보기 좋게 올려 장식한다.

8인분　준비 시간: 1시간 30분+기본 레시피　조리 시간: 1시간 50분　휴지 시간: 2시간 30분

Duchesse
뒤셰스

머랭 레이디 핑거

p.338 레시피 참조. 준비할 재료 양은 아래와 같다.
슈거파우더 ½컵(60g)
달걀흰자 2개 분량
백설탕 ⅓컵(60g)

부드러운 밤 케이크

밤 반으로 가른 것 1컵(80g)
슈거파우더 ½컵과 1큰술(65g)
케이크용 밀가루 3 ½큰술(30g)
아몬드 간 것(아몬드가루) ⅓컵과 1큰술(35g)
달걀흰자 4개 분량
갈색 설탕 ¼컵(50g)

밤 크림

밤 페이스트 50g
럼 1작은술
설탕을 가미하지 않은 밤 퓌레 100g
밤 크림 50g

밤 무스

아주 차가운 헤비 크림(더블 크림) 1 ½컵(360ml)
판 젤라틴 2장 또는 가루 젤라틴 ½큰술(4g)
밤 페이스트 100g
밤 리큐어 2큰술
밤 퓌레 30g
밤 크림 30g

설탕에 졸인 밤 부순 것 150g(마무리 용도)

밀크 초콜릿 글레이즈

밀크 초콜릿(카카오 매스 39%) 150g
헤비 크림(더블 크림) ¼컵(60ml)
지방을 빼지 않은 전유(全乳) 2큰술(30g)
백설탕 1 ¼큰술(15g)
버터 1큰술(15g)

장식을 위한 설탕에 졸인 밤 1개

조리 도구

지름 8mm 깍지를 끼운 짜주머니
지름 10mm 깍지를 끼운 짜주머니
원형 링 몰드(지름 20cm, 높이 4cm)
원형 종이 케이크 받침

•••

머랭 레이디 핑거

I ••• 오븐을 100℃로 예열한다.

머랭 반죽을 만들어(p.338 참조) 지름 8mm 기본 깍지를 끼운 짜주머니에 옮겨 담는다. 베이킹 시트 위에 유산지를 깔고 4×1cm 띠 모양으로 짠다. 65개의 머랭이 63cm의 케이크 외벽을 감싸는 구조가 될 것임을 염두에 두고 머랭 갯수가 모자라지 않게 하자. 좀 더 손쉽게 하려면 유산지에 4cm 간격의 평행한 2줄을 3회 반복해 그린 뒤 그걸 따라 짜면 된다. 고운 체에 밭쳐 준비한 슈거파우더의 반을 머랭 위에 뿌려준다.

2 ••• 5분 정도 두었다가 남은 슈거파우더를 마저 뿌린다. 곧바로 오븐에 넣어 머랭이 서서히 익으면서 표면이 마르도록 1시간 30분 정도 굽는다. 너무 일찍 색이 나지는 않는지 곁에서 지켜보면서 굽는다.
완전히 식혀 밀폐 용기에 담아 놓는다.

부드러운 밤 케이크

3 ••• 유산지를 깐 베이킹 시트 2장을 펼친다. 지름 20cm의 원을 각각의 유산지에 그린다.
밤을 도마 위에 놓고 다진다. 지름 10mm 깍지를 통과할 수 있도록 5mm보다 잘게 다져준다.
슈거파우더와 밀가루를 체에 내려 큰 볼에 담고 아몬드 간 것과 다진 밤을 넣어 함께 섞는다.

4 ••• 물기 없는 깨끗한 볼에 달걀흰자를 넣어 거품을 낸다. 충분한 양의 거품이 올라
오면 갈색 설탕을 넣어 설탕이 다 녹을 때까지 젓는다. 고무 스패츌러로 앞에서 섞어
놓은 마른 재료를 거품 낸 흰자에 넣어 접어주듯 살살 섞어 케이크 반죽을 만든다.
오븐을 170℃로 예열한다.
지름 10mm 기본 깍지를 끼운 짜주머니에 반죽을 옮겨 담고 원을 그려놓은 2장의 유
산지 위에 나선형으로 짜 나가며 원반 모양을 만든다. 오븐에 넣어 20분간 굽는다.
오븐에서 꺼내 식힌다.

밤 크림

5 ••• 밤 크림에 럼을 넣어 풀어준 뒤 밤 퓌레와 밤 크림을 넣고 섞는다.

밤 무스

6 ••• 큰 믹싱 볼을 냉동실에 넣어 차게 한다. 헤비 크림은 사용 직전까지 냉장고에 넣
어둔다.
아주 차가운 물을 담은 볼에 판 젤라틴을 넣고 부드럽게 풀어지도록 10분 정도 둔다.
밤 페이스트에 밤 리큐어를 넣어 풀어준 뒤 밤 퓌레와 밤 크림을 더해 섞는다.

•••

7 •• 판 젤라틴을 건져내어 꼭 짜서 물기를 완전히 없앤다.
작은 냄비에 헤비 크림 2 ½큰술(40ml)을 부어 데운다. 부드러워진 젤라틴을 더한다.
6번 과정에서 만든 밤 혼합물의 ¼만 볼에 담고 (차갑다 싶으면 전자레인지에 잠깐 돌리
거나 중탕하여 실온으로 맞춰) 데운 크림을 부어 섞은 뒤 이것을 남아 있는 밤 혼합물
에 부어 마저 섞는다.

8 •• 남아 있는 헤비 크림 1 ⅓컵(320ml)을 차갑게 해두었던 볼에 담은 뒤 가능하면 전
기 믹서를 사용해 단단해질 때까지 빠르게 휘핑한다.
저은 헤비 크림을 고무 스패출러로 밤 혼합물에 3회에 나눠 섞는다.

마무리

9 •• 둥근 접시에 종이 케이크 받침을 올린다. 몰드 안쪽을 쿠킹 포일로 두른 뒤(나중
에 몰드에서 빼내기 쉽도록) 케이크 받침 위에 놓는다.
밤 케이크를 몰드 크기에 맞춰 손본다. 몰드 안에 케이크 원반 하나를 넣는다. 밤 무
스를 지름 10mm 기본 깍지를 끼운 짜주머니에 옮겨 담는다. 몰드 높이의 반까지 밤
무스를 채운다. 설탕에 졸인 밤 부순 것을 무스 윗면을 덮어주듯 뿌린다.

IO ··· 두 번째 케이크 원반을 올리고 숟가락으로 밤 크림을 원반에 고르게 펴 바른다. 여기까지 쌓은 것을 몰드 안으로 집어넣는다. 그 위를 남은 밤 무스로 덮는데 몰드의 꼭대기까지 채운다. 표면을 매끄럽게 정리한다.

냉장고에 2시간 두었다가 꺼내고 조심스럽게 몰드에서 빼낸다. 케이크를 랩으로 덮어 냉동실에 30분 두어 차갑게 한다.

밀크 초콜릿 글레이즈

II ··· 초콜릿은 도마 위에 놓고 칼로 잘게 다져 큰 볼에 담는다. 냄비에 크림, 우유, 설탕을 넣고 끓인 후 초콜릿 위에 붓는다. 버터를 넣고 부드러워질 때까지 잘 젓는다. 미지근하게 식힌다.

깨끗한 베이킹 시트 위에 식힘망을 놓는다.

초콜릿 글레이즈가 미지근해지면 냉동실에서 케이크를 꺼내어 식힘망 위에 올린다. 랩을 벗긴다. 지체하지 말고 국자로 글레이즈를 부어가며 케이크 전체에 옷을 입힌다. 팔레트 나이프(또는 오프셋 스패출러)로 글레이즈의 표면을 매끄럽게 손질한다. 그대로 2분 정도 두었다가 담아낼 접시에 옮긴다.

사진에서 보이는 것처럼 케이크 둘레를 머랭 레이디 핑거로 둘러 장식한 뒤 설탕에 졸인 밤 한 톨을 올려 마무리한다.

Chef's tip

몰드와 같은 사이즈의 케이크 받침을 사용하면 글레이징을 하기 위해 마무리 접시에서 식힘망으로 케이크를 옮길 때 훨씬 안전하다. 만일 케이크 받침이 없다면 두꺼운 종이를 알맞은 크기로 오려 쿠킹 포일로 싸서 사용하면 된다.

Divin
디뱅

누가를 넣은 아몬드 스펀지케이크
아몬드 간 것(아몬드가루) 1컵(100g)
슈거파우더 ⅔컵(80g)
케이크용 밀가루 ⅓컵(40g)
달걀흰자 5개 분량
백설탕 ½컵과 1큰술(110g)
누가 조각 25g

누가 무슬린 크림
버터 9큰술(125g)
지방을 빼지 않은 전유(全乳) 1컵과 1큰술(250ml)
달걀노른자 2개 분량
백설탕 ⅓컵과 1큰술(75g)
옥수수 전분(옥수수가루) 3큰술(25g)
누가 크림 200g
누가 조각 110g

젤리 상태의 라즈베리 쿨리
판 젤라틴 2장 또는 가루 젤라틴 ½큰술(4g)
레몬 ½개
라즈베리 2 ¼컵(300g)
백설탕 2 ⅔큰술(35g)
물 3큰술

라즈베리 3컵(375g)
장식 위한 슈거파우더 약간

조리 도구
지름 10mm 깍지를 끼운 짜주머니

누가를 넣은 아몬드 스펀지케이크

I ••• 유산지를 깐 베이킹 시트를 2장 펼치고 각각의 유산지에 지름 22.5cm의 원을 그린다.

2 ••• 큰 볼에 아몬드 간 것, 슈거파우더, 밀가루를 넣고 섞는다.
물기 없는 깨끗한 큰 볼에 달걀흰자를 넣어 거품을 낸다. 충분한 양의 거품이 올라오 •••

면 설탕을 넣고 다 녹을 때까지 젓는다. 고무 스패출러로 미리 섞어놓은 마른 재료들을 거품 낸 흰자에 넣은 뒤 접어주듯 살살 섞는다.

3 ••· 오븐을 170℃로 예열한다.
유산지에 그려놓은 원을 따라 나선형으로 반죽을 짜 2개의 원반을 만든다. 그 위로 누가 조각을 흩뿌린다.
베이킹 시트를 오븐에 넣고 20분 구운 뒤 꺼내 식힌다.

누가 무슬린 크림

4 ••· 버터는 실온에 꺼내둔다.
냄비에 우유를 넣어 데운다.
큰 볼에 달걀노른자와 설탕을 넣고 색이 옅어질 때까지 거품기로 잘 저은 다음 옥수수 전분을 더한다. 냄비 속 뜨거운 우유 중 ⅓을 달걀노른자와 설탕과 옥수수 전분을 섞어둔 볼에 부은 뒤 거품기로 잘 섞는다. 이번에는 이 섞인 반죽을 우유가 남아 있는 냄비에 붓는다. 냄비를 다시 불에 올려 거품기로 눌어붙지 않도록 계속 저어가며 끓인다. 냄비 안쪽에 달라붙는 것을 고무 스패출러로 잘 긁어내려가며 끓인다.

5 ••· 불에서 내려 10분 정도 식힌다. 델 정도는 아니지만 여전히 뜨거울 때 준비한 버터의 반을 넣어 고루 섞는다. 베이킹 접시에 펼치고 랩을 덮어 식힌다.

젤리 상태의 라즈베리 쿨리

6 ••• 아주 차가운 물을 담은 볼에 판 젤라틴을 넣고 부드럽게 풀어지도록 10분 정도
둔다.

레몬 반 개를 즙을 내 담아둔다.

핸드 블렌더나 푸드 프로세서로 라즈베리와 설탕을 갈아 액체 상태로 만든다. 퓌레
를 고운 체에 한 번 내리는데, 숟가락으로 눌러주거나 긁어가면서 최대한의 과육을
얻어낸다. 단, 씨는 들어가지 않도록 한다.

라즈베리 퓌레를 체에 거르는 마지막 단계에서 레몬즙과 물을 함께 부어주면 체 사
이사이에 끼어 있던 과육이 좀 더 쉽게 빠져나올 것이다.

7 ••• 이렇게 얻은 라즈베리 퓌레의 ¼을 냄비에 담아 미지근하게 데운다. 젤라틴을 꽉
짜서 물기를 제거한 뒤 냄비에 넣고 잘 저어 녹인다. 이것을 남아 있는 퓌레 ¾에 다
시 붓고 잘 섞는다. 완성된 쿨리를 냉장고에 넣어 30분 정도 굳힌다.

누가 무슬린 크림의 마지막 단계

8 ••• 무슬린 크림은 실온 상태여야 한다. 혹시라도 아직 온기가 남아 있다면 냉장고에
10분 정도 두어 완전히 식힌다.

큰 볼에 무슬린 크림을 담고 전기 믹서로 부드러워질 때까지 휘핑한다. 아까 남겨둔
버터 반과 누가 크림을 더해 완전히 녹아 부드러운 상태가 될 때까지 섞는다.

여기에 누가 조각을 넣는다.

•••

9 ••∙ 장식용 라즈베리를 준비한다.

아몬드 케이크 원반 하나를 접시에 올린다. 기본 깍지를 끼운 짜주머니에 무슬린 크림을 담아 케이크 위 중앙에서부터 나선형으로 얇게 한 켜 짠다. 크림 위로 라즈베리를 올리는데 이번에는 바깥쪽에서 시작해 안쪽으로 배열해 나간다. 라즈베리 윗면을 살짝 눌러가며 얹어 라즈베리 사이사이로 아래쪽 크림이 스미게 한다.

IO ••∙ 팔레트 나이프(또는 오프셋 스패츌러)를 사용해 무슬린 크림으로 라즈베리를 덮어주듯 바른 뒤 표면을 매끈하게 정리한다. 케이크 가장자리를 따라 크림을 한 바퀴 두른다. 냉동실에 10분 넣어둔 뒤 꺼내어 젤리 상태의 라즈베리 쿨리를 5~6mm 두께로 한 층 붓는다. 냉장고에 넣어 굳힌다.

남은 아몬드 케이크 원반을 뒤집어 무슬린 크림을 얇게 바른 뒤 도로 뒤집어 아까 깔아놓은 쿨리 위에 올린다.

슈거파우더를 살짝 뿌리고 라즈베리를 올려 장식한다.

냉장고에 보관한다.

Chef's tip

디뱅 케이크는 먹기 20분 전에 냉장고에서 꺼내 라즈베리 쿨리를 곁들인다.

Fraisier
프레지에

아몬드 제누아즈 케이크
버터 3 ½큰술(50g)+케이크 팬에 바를 버터 1 ½큰술
케이크용 밀가루 1 ⅔컵(200g)+케이크 팬에 뿌릴 케이
크용 밀가루 2 ½큰술
달걀 6개
백설탕 1컵(200g)
아몬드 간 것(아몬드가루) ½컵(50g)

키르슈 시럽
물 ½컵에서 1큰술 뺀 양(100ml)
백설탕 ½컵(100g)
키르슈 2 ½큰술(40ml)
라즈베리 리큐어 2 ½큰술(40ml)

피스타치오 무슬린 크림
기본 레시피 페이지 참조

딸기 4 ⅔컵(700g)

피스타치오 아몬드 페이스트
아몬드 페이스트 1컵(250g)
피스타치오 페이스트 1 ½큰술(25g)

조리 도구
지름 21~22cm의 제누아즈 몰드(옆면이 직선으로
떨어지는 원형 케이크 몰드)
지름 20cm의 원형 링 몰드
지름 10mm 깍지를 끼운 짜주머니
페이스트리 붓
밀대

아몬드 제누아즈 케이크와 키르슈 시럽

I ••• 버터 1 ½큰술을 녹인 뒤 페이스트리 붓으로 케이크 팬에 바른다. 바른 버터가 굳
도록 냉장고에 15분간 넣어둔다. 밀가루를 체친다. 작은 냄비에 버터 3 ½큰술(50g)
을 담아 약한 불에 녹인다.

••••

2 ••• 큰 내열 믹싱 볼에 달걀과 설탕을 넣고 잘 섞는다.

오븐을 170℃로 예열한다.

물이 가볍게 끓고 있는 팬에 달걀과 설탕을 섞은 내열 용기를 넣어 중탕하면서 거품기로 계속 젓는다. 내용물이 미지근해지면서(50℃) 농도는 되직해지고 색이 연해지면서 부피가 3배로 부풀어 오를 때까지 젓는다. 이 과정이 거품기로 하면 15분, 전기 믹서로 하면 10분 정도 소요될 것이다. 불에서 내려 완전히 식을 때까지 계속 젓는다.

3 ••• 여기에 고무 스패출러로 체친 밀가루를 조금씩 넣어가며 섞고 아몬드 간 것과 녹인 버터도 넣는다. 볼을 조금씩 돌려가면서 스패출러가 볼 중앙 바닥으로 파고들어 옆면을 타고 끌어올린 것을 다시 가운데로 덮어주는 식으로 고르게 섞어 나간다. 이렇게 하면 균질하고 매끄러운 질감을 얻을 수 있다.

케이크 팬에 밀가루를 조금 뿌린 뒤 뒤집어 여분의 밀가루를 털어낸다. 곧바로 제누아즈 반죽을 팬에 채워 오븐에 30분간 굽는다.

4 ••• 제누아즈 케이크를 굽는 동안 키르슈 시럽을 만든다.

냄비에 물과 설탕을 넣어 끓인 뒤 식힌다.

식힌 시럽에 키르슈와 라즈베리 리큐어를 붓는다.

제누아즈 케이크가 잘 익었는지 확인한다. 칼끝으로 찔러 보아 아무것도 묻어나지 않고 칼끝이 마른 채로 나오면 케이크가 익은 것이다.

오븐에서 꺼내 5분 정도 식힌 뒤 몰드에서 빼내어 식힘망에 올려 완전히 식힌다.

피스타치오 무슬린 크림

5 ••• 기본 레시피를 참조해 무슬린 크림을 만드는데 1~3번 과정까지 하여 식혀둔다.
그동안 딸기를 씻어 물기를 빼고 꼭지를 따놓는다.
식혀둔 무슬린 크림을 큰 볼에 담고 전기 믹서로 부드러워질 때까지 휘핑한다. 남
겨둔 버터 반과 피스타치오 페이스트를 더해 완전히 녹아 부드러운 상태가 될 때까
지 돌려준다.

마무리

6 ••• 제누아즈 케이크에서 색깔이 너무 짙은 부분은 톱니 모양 칼을 이용해 도려낸다.
1cm 정도의 두께가 되도록 평행하게 둘로 가른다. 몰드 크기에 맞춰 케이크 가장자
리를 손질한다(몰드를 케이크 위에서 찍어 눌러 맞추는 방법도 있다).

7 ••• 몰드를 접시 위에 놓고 제누아즈 케이크 중 한 판을 몰드에 넣는다. 키르슈 시럽
으로 가볍게 적셔준다. 기본 깍지를 끼운 짜주머니에 무슬린 크림을 옮겨 담고 케이
크 위에 나선형으로 크림을 한 켜 짠다. 딸기는 반을 가르고 몰드의 안쪽 벽을 따라
줄지어 세운다. 사진에서 보이는 것처럼 잘린 단면이 밖을 향하도록 한다.
가운데의 빈 부분은 반 가르지 않은 딸기로 채우는데, 딸기 윗면을 살짝 눌러가며 얹
어 딸기 사이사이로 아래쪽 크림이 스미게 한다. 딸기를 무슬린 크림으로 한 겹 덮어
주는데, 빈 곳을 크림으로 꼼꼼히 채워 표면을 편평하게 정리한다. 그 위로 남은 제
누아즈 케이크 한 판을 얹는다. 시럽을 가볍게 적셔준다. 남은 무슬린 크림을 몰드
꼭대기까지 채운 뒤 표면을 매끈하게 정리한다.

•••

피스타치오 아몬드 페이스트로 케이크 윗면 덮기

8 •·· 아몬드 페이스트와 피스타치오 페이스트를 손으로 섞어 반죽한다. 깨끗한 작업
　　대에 펼쳐 밀대로 밀어 1mm 정도로 아주 얇게 펼친다. 그대로 가져가 케이크 윗면
　　을 덮은 뒤 여분은 잘라낸다.
　　냉장고에 2시간 둔다.
　　조심히 몰드에서 꺼내고 남은 딸기를 반으로 갈라 케이크 위를 장식해 마무리한다.

활용

라즈베리로 프랑부아지에Framboisier를 만들고 싶다면, 딸기 4 $\frac{2}{3}$ 컵(700g) 대신 라즈베리
5 $\frac{2}{3}$ 컵(700g)을 사용한다.

Harmonie
하모니

피스타치오 마카롱
아몬드 간 것(아몬드가루) 1 ½컵(150g)
껍질 벗긴 생 피스타치오 ⅔컵(75g)
슈거파우더 1 ¾컵(210g)
달걀흰자 5개 + 달걀흰자 1개
백설탕 ¾컵과 2큰술(175g)
녹색 식용색소 약간

피스타치오 무슬린 크림
기본 레시피 페이지 참조
껍질 벗긴 생 피스타치오 ⅓컵(40g)

딸기 2 ¾컵(400g)
라즈베리 ¾컵(100g)

조리 도구
지름 10mm 깍지를 끼운 짜주머니

피스타치오 마카롱

1 ••• 유산지를 깐 베이킹 시트 2장을 펼치고 각각의 유산지에 지름 25cm의 원을 그린다. 아몬드 간 것, 피스타치오, 슈거파우더를 푸드 프로세서에 넣고 곱게 간 다음 체에 내린다.

2 ••• 물기 없는 깨끗한 볼에 달걀흰자 5개를 넣어 거품을 낸다. 충분한 양의 거품이 올라오면 설탕을 3회에 나눠 넣는데, 준비한 양의 ⅓을 먼저 넣고 완전히 녹을 때까지 거품기로 젓는다. 다시 설탕 ⅓을 더해 1분간 잘 젓는다. 남은 설탕 ⅓을 마저 넣고 1분 정도 더 저으면 눈처럼 하얗고 매끄러운 무스 형태가 된다. 여기에 체에 내린 아

•••

몬드가루와 피스타치오, 슈거파우더를 깨끗한 고무 스패츌러로 조심스레 섞는다. 작은 볼에 남은 1개 분량의 달걀흰자를 넣고 거품 낸 뒤, 반죽에 마저 넣고 최대한 거품이 부서지지 않도록 스패츌러로 살살 들어 올려 섞는다.

3 •·· 기본 깍지를 끼운 짜주머니에 반죽을 옮겨 담는다. 그려놓은 원 중 한쪽은 선을 따라 반죽을 짜 깔끔한 링 모양을 만든다. 이 링이 케이크의 가장자리가 될 것이다. 다른 원은 안쪽을 채우듯 중앙에서부터 나선형으로 반죽을 짜 원반 모양을 만든다. 오븐을 160℃로 예열한다.
바로 굽지 않고 아무것도 덮지 않은 채로 10분 정도 두는데 이 과정을 통해 얇은 껍질이 형성된다. 베이킹 시트 2장 모두 오븐에 넣고 마카롱 링은 15분, 마카롱 원반은 20분 굽는다.
오븐에서 꺼내 식힌다. 온기가 남아 있을 때 마카롱을 떼면 부서질 위험이 있으니 충분히 식힌 뒤에 떼어낸다.

피스타치오 무슬린 크림

4 •·· 기본 레시피를 참조해 무슬린 크림을 만드는데 1~3번 과정까지 하고 식혀둔다.
그동안 칼이나 푸드 프로세서를 이용해 피스타치오를 잘게 다진다.
딸기는 씻어 물기를 빼고 꼭지를 따놓는다.

5 ··· 식혀둔 무슬린 크림을 큰 볼에 담고 전기 믹서로 부드러워질 때까지 휘핑한다. 남겨둔 버터 반과 피스타치오 페이스트를 더해 완전히 녹아 부드러운 상태가 될 때까지 섞어준다.

마무리

6 ··· 마카롱 원반을 접시 위에 뒤집어 놓는다. 기본 깍지를 끼운 짜주머니에 무슬린 크림을 채운 뒤 0.5cm 두께로 중앙에서부터 나선형으로 크림을 짠다. 마카롱 링을 베이킹 시트에서 조심히 떼어내 크림 위에 얹는다. 딸기를 길게 반으로 갈라 링 안쪽 빈 공간에 보기 좋게 담아낸다. 라즈베리를 올려 마무리한다.

Chef's tip
피스타치오 아이스크림을 곁들여 딸기 쿨리나 라즈베리 쿨리와 함께 내자.

Millefeuille Praliné
프랄린 밀푀유

캐러멜화한 퍼프 페이스트리
기본 레시피 페이지 참조

프랄린 무슬린 크림
기본 레시피 페이지 참조

캐러멜화한 아몬드와 헤이즐넛
물 2큰술
백설탕 ⅓컵(70g)
통아몬드 ⅓컵(50g)
통헤이즐넛 ⅓컵(50g)

바삭하게 캐러멜화한 아몬드 헤이즐넛 프랄린
밀크 초콜릿 35g
버터 ¾큰술(10g)
아몬드 헤이즐넛 프랄린 150g
크레이프 당텔(역주: 시가 모양의 바삭한 과자) 60g_버터 웨이퍼wafer로 대체 가능

장식을 위한 흑설탕 약간

조리 도구
당과용 온도계
지름 10mm 각지를 끼운 짜주머니

캐러멜화한 퍼프 페이스트리

I ••• 기본 레시피를 참조해 캐러멜화한 퍼프 페이스트리를 만든다. 18×24cm 직사각형 3개가 나오도록 한다.

프랄린 무슬린 크림

2 ••• 기본 레시피를 참조해 무슬린 크림을 만드는데 1~3번 과정까지 한 뒤 식혀놓는다.

•••

캐러멜화한 아몬드와 헤이즐넛

3 ••• 냄비에 물과 설탕을 넣고 끓여 2분 정도 졸인다(당과용 온도계가 있으면 118℃까지
끓인다). 아몬드와 헤이즐넛을 넣은 뒤 불에서 내리고 설탕이 굵은 모래 느낌이 날 때
까지 잘 저어 섞는다. 냄비를 중간 불에 다시 올린다. 살살 저으면서 설탕이 캐러멜
화되어 견과류에 입혀지길 기다린다.
불에서 내린다. 유산지를 깔고 고무 스패출러로 캐러멜화한 아몬드와 헤이즐넛을 펼
쳐 식힌다. 캐러멜이 매우 뜨거운 상태이므로 데지 않게 조심한다.

바삭하게 캐러멜화한 아몬드 헤이즐넛 프랄린

4 ••• 도마에 초콜릿을 올려 잘게 다지고, 버터도 잘게 썰어놓는다.
초콜릿과 버터를 내열 용기에 담아 물이 가볍게 끓고 있는 팬에 그릇째 넣어 중탕하
거나 전자레인지에 중간 세기로 돌려 살짝만 녹인다. 다음 단계를 위해 실온 상태로
식혀야 함을 잊지 말자.
여기에 프랄린을 넣고 크레이프 당텔을 부서뜨려 넣는다. 유산지를 깔고 이 혼합물
을 부어 18×24cm의 직사각형으로 펼친다(직각, 직선을 지켜 깔끔하게 만든다). 유산지
를 떼내기 쉽게 냉동실에 잠깐 넣어둔다.

프랄린 무슬린 크림 마지막 단계 그리고 마무리

5 ••• 2번 과정에서 식혀둔 무슬린 크림을 큰 볼에 담고 전기 믹서로 부드러워질 때까
지 휘핑한다. 남겨둔 버터 반과 프랄린 페이스트를 넣고 완전히 녹아 부드러운 상태
가 될 때까지 섞어준다.

6 ••• 캐러멜화한 퍼프 페이스트리를 잘라 18×24cm의 직사각형 3개를 만든다. 최소한 2개는 완벽한 모양의 직사각형이 나와야 하므로 각을 맞춰 똑바로 자르는 데 신경 쓰자. 직사각형 2개 중 하나는 밀푀유의 꼭대기에 놓일 것이고 다른 하나는 바닥에 놓일 것이다. 나머지 하나는 중간에 들어가는 것이니 이는 완전한 형태가 아니고 조각들을 모아 써도 크게 상관은 없다.

3번 과정에서 만든 캐러멜화한 아몬드와 헤이즐넛을 칼로 대강 부서뜨린다.

7 ••• 직사각형 퍼프 페이스트리 하나를 접시에 올린다. 기본 깍지를 끼운 짜주머니에 프랄린 무슬린 크림을 채워 페이스트리 위로 250g의 크림을 짠다. 부서뜨린 아몬드와 헤이즐넛을 뿌린다.

두 번째 직사각형 퍼프 페이스트리를 얹고 이번에는 125g의 크림을 짜 올린다. 크림 위로 4번 과정에서 냉동실에 넣어 굳힌 프랄린 판을 올리는데, 뒤집어서 올린 뒤 유산지를 그 자리에서 바로 떼낸다. 남은 무슬린 크림 125g을 프랄린 판 위로 마저 짠 뒤 마지막 직사각형 퍼프 페이스트리로 덮는다.

흑설탕을 뿌려 장식한다. 먹기 전까지 냉장고에 보관한다.

LES VIENNOISERIES

페이스트리

브리오슈(60g짜리) 12개 또는 미니 브리오슈(30g짜리) 24개   준비 시간: 30분+기본 레시피
조리 시간: 15분   휴지 시간: 2시간 30분

Brioches au Sucre
브리오슈

브리오슈 도우 750g : 기본 레시피 페이지 참조   달걀 1개
작업대에 뿌릴 다목적 밀가루 2 ½큰술   펄슈거 80g

I ••• 작업대에 밀가루를 뿌린 뒤 도우를 굴려 원기둥 모양으로 만든다. 50g 정도의 두
덩이로 나눈다.

2 ••• 손바닥을 써서 각각의 반죽을 편평하게 펼친 뒤 안으로 접어가며 둥글려 탱탱한
공 모양을 만든다.
베이킹 시트에 유산지를 깔고 공 모양 반죽들을 올려 실온에 둔다.
2배로 부풀어 오르기를 기다린다. 보통 2시간 30분 정도 걸리는데 실내 온도가 높으
면 더 빨리 부풀어 오른다.

3 ••• 오븐을 180℃로 예열한다.
작은 볼에 달걀을 저어 풀어준다. 페이스트리 붓에 묻혀 부풀어 오른 도우에 바른다.
도우의 윗부분에는 펄슈거를 뿌린다.
베이킹 시트를 오븐에 넣어 브리오슈가 금빛이 돌 때까지 12~15분 정도 굽는다.

4 ••• 오븐에서 꺼내 조금만 식혀 따뜻할 때 먹는다.

Bostocks
보스톡

오렌지 플라워 향 시럽
물 1컵(250ml)
백설탕 1 ¾컵과 2큰술(375g)
아몬드 간 것(아몬드가루) ⅓컵(30g)
오렌지 플라워 워터 1 ⅔큰술(25g)

브리오슈
높이 20cm의 원통형 브리오슈(무슬린mousseline) 또는 길
이 20cm의 식빵 모양 브리오슈(낭테르nanterre)
숙성된 다크 럼 5큰술

아몬드 크림
아몬드 크림 160g: 기본 레시피 페이지 참조
아몬드 슬라이스 1컵(100g)

조리 도구
지름 10mm 깍지를 끼운 짜주머니

오렌지 플라워 향 시럽

I ••• 냄비에 물, 설탕, 아몬드 간 것을 넣고 끓인다. 불에서 내리고 오렌지 플라워 워
터를 더해 시럽을 완성한다.

브리오슈

2 ••• 브리오슈를 2cm 두께로 썬다.
테두리 높이가 어느 정도 되는 베이킹 시트를 놓고 그 위에 식힘망을 올린다. 그물 국
자(또는 구멍 뚫려 있는 큰 숟가락)를 이용해 브리오슈를 한 번에 하나씩 냄비 속 따뜻한
시럽에 재빨리 담갔다 꺼내 식힘망에 올려 식힌다.
베이킹 시트를 하나 더 준비해 유산지나 쿠킹 포일을 깔고 그 위에 브리오슈를 옮긴
다. 럼을 조금씩 뿌려준다.

•••

아몬드 크림

3 ••· 아몬드 크림을 준비한다(기본 레시피 참조). 오븐을 170℃로 예열한다. 아몬드 크
림을 기본 깍지를 끼운 짜주머니에 옮겨 담고 브리오슈 위로 2mm 정도 얇게 짜 크
림층을 만든다.

4 ••· 브리오슈가 놓인 베이킹 시트를 오븐에 넣고 12분 정도 구워낸다. 완전히 식힌
뒤 슈거파우더를 뿌려 마무리한다.
보스톡은 만든 당일에 먹어야 맛있다.

Kouglof
쿠글로프

브리오슈
씨 없는 황금색 건포도(설타나 품종) 1컵(150g)
브리오슈 도우 750g: 기본 레시피 페이지 참조
몰드에 바를 버터 3 ½큰술(50g) + 쿠글로프용 버터
3 ½큰술(50g)

오렌지 플라워 향 시럽
물 8컵(2L)
백설탕 1 ½컵(300g)
아몬드 간 것(아몬드가루) ¼컵(25g)
오렌지 플라워 워터 1 ⅓큰술(20g)

아몬드 슬라이스 약간_큰 쿠글로프 만들 경우에 필요
장식을 위한 슈거파우더 약간

조리 도구
1인용 쿠글로프 몰드 12개 또는 큰 쿠글로프 몰드
2개(지름 19cm)
페이스트리 붓

브리오슈

1 ••• 볼에 건포도를 넣고 뜨거운 물을 부어 1시간 불린다.
그동안 브리오슈 도우를 준비한다. 기본 레시피를 참조해 1~2번 과정을 마친다.
적당한 농도까지 반죽해 건포도를 더한다(건포도는 불린 뒤 건져 종이 타월에 올려 물기
를 뺀 후 사용한다).

2 ••• 브리오슈 도우 발효 때처럼, 쿠글로프 도우도 큰 볼에 담아 젖은 행주나 랩으
로 덮어 실온에 둔다. 도우가 2배로 부풀어 오르기를 기다린다(약 2시간 30분 소요).
도우를 꺼내 안쪽으로 접어 눌러가며 기포를 빼 처음 부피로 만든다.
냉장고에 2시간 30분 넣어둔다. 찬 온도에서도 한 번 더 부풀어 오르며 발효가 될
것이다. 꺼내어 아까처럼 접어 눌러가며 기포를 빼 처음 부피로 만든다. 이렇게 하
면 도우 준비는 끝.

3 ••• 몰드에 버터를 바른다. 큰 쿠글로프의 경우엔 몰드 안쪽에 아몬드 슬라이스를
뿌려준다.

쿠글로프 반죽을 70g씩 자른다. 큰 쿠글로프를 만든다면 반으로 갈라 두 덩이로 만
든다. 각각의 덩어리를 살살 눌러 편평하게 만든 뒤 가장자리를 가운데로 접어가며
굴려 공 모양을 만든다. 엄지손가락에 밀가루를 묻혀 공의 중앙을 도장 찍듯 살짝 눌
러준 뒤 뒤집어 몰드에 넣는다.

실온에 두고 도우가 2배로 부풀어 오르기를 기다린다(약 2시간 30분 소요). 온도가 높
으면 더 빨리 부풀어 오르는데 30℃가 넘지 않게 주의한다.

오렌지 플라워 향 시럽

4 ••• 냄비에 물과 설탕을 넣어 끓인다. 불에서 내려 곧장 아몬드 간 것을 넣고 잘 섞
이도록 젓는다. 미지근하게 식힌 뒤 오렌지 플라워 워터를 더해 시럽을 완성한다.

쿠글로프

5 ••• 오븐을 180℃로 예열한다. 발효된 반죽이 든 몰드를 오븐에 넣고 1인용은 20분,
큰 쿠글로프는 40분 동안 굽는다. 오븐에서 꺼내 5분 정도 식힌다.

쿠글로프를 몰드에서 빼내어 미지근한 시럽이 담긴 볼에 담근다. 페이스트리 붓으로
쿠글로프를 굴려가며 골고루 시럽을 묻힌다. 쿠글로프를 꺼내 식힘망에 올린 뒤 시
럽 부어주기를 여러 차례 반복한다.

남아 있는 버터를 녹인다. 페이스트리 붓으로 쿠글로프에 발라 부드럽고 촉촉하게 유
지해준다. 슈거파우더를 뿌려 마무리한다.

Kouign Amann
퀴니아망

케이크용 밀가루 2컵(250g)
메밀가루 3 ⅓큰술(25g)
천일염 1작은술
생 이스트 5g
물 ¾컵(175ml)
아주 차가운 버터 1컵(225g) + 몰드에 바를 버터
1 ½큰술
백설탕 1컵과 2큰술(225g)

조리 도구
원형 링 몰드(지름 9cm)
밀대

I ••• 케이크용 밀가루와 메밀가루를 큰 볼에 넣는다. 소금은 밀가루 옆에 모아두고 손으로 잘게 부서뜨린 생 이스트는 반드시 소금과 멀리 떨어뜨려 둔다. 반죽 전에 이스트가 소금에 닿으면 각각 제 기능을 발휘하지 못하게 된다. 볼에 물을 넣고 반죽을 시작한다. 균질한 질감이 날 때까지 치댄 뒤 반죽이 부풀어 오르게 실온에 1시간 둔다.

2 ••• 차갑게 둔 버터를 유산지 위에 놓고 밀대로 눌러가며 버터를 부드럽게 한다. 유산지 모서리를 들어 버터를 접어가며 눌러주어 부드럽게 만드는데 무른 정도가 같아지도록 한다.

•••

3 ••· 반죽을 20×60cm 정도의 직사각형이 나오도록 밀대로 펼친다. 길이로 ⅔ 되는 부분까지는 버터를 펼쳐 올린다. 나머지 ⅓ 부분은 버터가 올려져 있는 중앙을 향해 접어준다. 다른 쪽으로 펼쳐져 있는 ⅓ (버터가 올려진 부분) 부분도 중앙을 향해 접어준다. 이렇게 하면 편지지를 3등분해 접은 모양이 될 것이다. 냉장고에 넣어 30분 정도 휴지한다.

4 ••· 작업대에 백설탕을 뿌리고 도우를 꺼내 밀대로 민 뒤 그 위에 설탕을 뿌린다. 다시 3등분으로 접는다. 냉장고에 넣어 30분 정도 휴지한다.
언제나 도우의 위쪽 면과 바닥 면에는 설탕이 묻어 있어야 함을 잊지 말자. 도우를 꺼내 마지막으로 4mm 두께로 밀어 전체 22×55cm의 페이스트리 판을 만든다. 11×11cm 정사각형 10개로 자른다.

5 ••· 몰드에 버터를 바른다. 잘라놓은 각각의 정사각형 페이스트리 네 모서리를 중앙으로 모아 손바닥으로 가볍게 눌러준다. 이렇게 했을 때 생긴 네 모서리를 다시 중앙으로 모아 한 번 더 손바닥으로 가볍게 눌러준다.
오븐을 180℃로 예열한다.
각각의 도우를 버터 바른 몰드 안에 넣고 45분 정도 둔 채 2배로 부풀어 오르게 한다.
오븐에 넣고 25분 정도 구워낸다.

Beignets Framboise
라즈베리 잼 도넛

라즈베리 잼
라즈베리 잼 1컵(250g): p.24 라즈베리 마카롱 참고

효모
케이크용 밀가루 2컵과 2큰술(265g)
생 이스트 5g
물 ¾컵에서 1큰술 뺀 양(170ml)

도넛 반죽
케이크용 밀가루 1 ¾컵과 1큰술(235g)+케이크용
밀가루 2 ½큰술
백설탕 ⅓컵(65g)
생 이스트 7.5g

소금 2작은술(10g)
달걀노른자 5개 분량
지방을 빼지 않은 전유(全乳) 3 ⅓큰술(50ml)
실온에 둔 버터 4 ½큰술(65g)

설탕 장식
백설탕 ¼컵(50g)
시나몬가루 ⅛작은술

조리 도구
지름 10mm 깍지를 끼운 짜주머니
튀김 냄비(또는 두꺼운 냄비와 온도계)

라즈베리 잼은 미리 만들어놓는다.

효모

I •• 큰 볼에 밀가루를 담는다. 미지근한 물에 이스트를 풀어 밀가루에 붓고 잘 섞는다.
실온에 1시간 정도 두어 반죽이 2배로 부풀어 오르게 한다.

•••

도넛 반죽

2 ••• 큰 볼에 밀가루와 설탕을 담고 이스트와 소금은 밀가루 양편으로 떨어뜨려 놓는다. 반죽 전에 이스트와 소금이 절대로 서로 닿지 않게 한다. 달걀노른자와 우유를 넣고 곧바로 섞어 볼에 눌어붙지 않을 때까지 반죽한다. 반죽에 실온의 부드러운 버터를 더한다. 1번 과정에서 만들어놓은 효모를 넣어 균질한 느낌이 들 때까지 잘 섞는다.
반죽을 1시간 두어 2배로 부풀어 오르게 한다. 반죽을 눌러 기포를 빼고 공 모양을 만든다. 냉장고에 30분 동안 넣어둔다.

도넛

3 ••• 도넛 반죽이 차가워지면 50g씩 자른다. 접어가며 굴려 다시 공 모양을 만든다. 밀가루를 뿌린 깨끗한 행주 위에 공 모양 반죽을 올려 따뜻한 곳(25~30℃)에서 두고 반죽이 2배로 부풀어 오르게 한다. 1시간 30분 정도 휴지한다.

4 ••• 튀김 기름 온도를 160~170℃로 맞춘다. 뜨거운 기름에 도넛을 미끄러뜨리듯 조심히 넣는다.
양면 모두 금빛이 나게 튀긴다(3~4분 소요). 그물 국자로 건져 종이 타월에 올려 기름을 뺀다.

5 ••• 완전히 식힌다. 라즈베리 잼을 기본 깍지를 끼운 짜주머니에 옮겨 담는다. 각각의 도넛 속에 잼을 짜넣는다.
설탕과 시나몬가루를 섞어 시나몬 설탕을 만든 뒤 도넛을 굴려 옷을 입힌다.

Bugnes
뷔뉴

레몬(껍질의 왁스를 제거한 것) 1개
백설탕 2큰술(25g)
천일염 ⅛작은술
오렌지 플라워 워터 1큰술
달걀 2개
버터 5큰술(75g)
케이크용 밀가루 2컵(250g)+작업대에 뿌릴 케이크용
밀가루 2 ½큰술

장식을 위한 슈거파우더 약간

조리 도구
강판
밀대
튀김 냄비(또는 두꺼운 냄비와 온도계)
톱니형 룰렛 커터_필요에 따라 선택

I ••• 레몬은 껍질을 강판에 갈아 제스트를 만들고 작은 볼에 넣어 설탕과 섞는다.
볼 하나를 더 준비해 오렌지 플라워 워터를 붓고 소금을 녹인다.
달걀이 냉장고에 있다면 실온에 꺼내둔다.

2 ••• 버터를 큰 내열 용기에 담아 물이 가볍게 끓고 있는 팬에 그릇째 넣어 중탕하거
나 전자레인지로 데운다. 크림 상태를 유지해야 하며 절대 물처럼 녹으면 안 된다.
여기에 레몬 제스트와 설탕 섞어놓은 것, 오렌지 플라워 워터에 소금 녹여놓은 것
을 넣는다.
밀가루도 넣어 반죽이 균질한 질감이 될 때까지 잘 저어 섞는다.
반죽을 1시간 동안 휴지한다.

•••

3 •·· 반죽을 2~3등분한다(작은 덩이로 자를수록 반죽을 미는 작업이 쉽다). 작업대에 밀가루를 뿌리고 밀대로 반죽을 1mm 두께로 민다.
톱니형 룰렛 커터를 이용해(없으면 칼 이용) 반죽을 길이 10cm, 너비 4~5cm의 마름모꼴로 잘라준다. 마름모 가운데에 길이 3cm의 홈을 낸다.

4 •·· 튀김 기름 온도를 160~170℃로 맞춘다. 뜨거운 기름에 뷔뉴를 미끄러뜨리듯 조심히 넣는다. 2분간 튀겨내는데 중간에 한 번 뒤집어준다. 그물 국자로 건져 종이 타월에 올려 기름을 뺀다. 완전히 식히고 슈거파우더를 뿌려 완성.

Financiers
피낭시에

버터 6 ½큰술(95g)+몰드에 바를 버터 1 ½큰술
슈거파우더 1 ⅔컵(195g)
케이크용 밀가루 ½컵과 1큰술(70g)+작업대에 뿌릴
케이크용 밀가루 2 ½큰술
아몬드 간 것(아몬드가루) ⅔컵(65g)
베이킹파우더 ⅛작은술
달걀흰자 6개 분량
바닐라 엑스트랙 1작은술

조리 도구
2.5×5cm 미니 피낭시에 몰드 또는 4.5×8.5cm 1인용
피낭시에 몰드(9×4cm 바르케트 몰드로 대체 가능)
페이스트리 붓

가능하면 피낭시에 반죽은 하루 전에 만들어놓자.

I ⋯ 냄비에 버터를 담고 중간 불에 올려 갈색이 돌 때까지 녹인다. 브라운 헤이즐넛
색이 돌기 시작하면 냄비 바닥을 재빨리 찬물에 담가 버터 색이 진해지는 것을 막는
다. 미지근하게 식힌다.

2 ⋯ 큰 볼에 슈거파우더, 밀가루, 아몬드 간 것을 넣고 섞는다(푸드 프로세서를 이용한
다면 곱게 간다). 베이킹파우더를 넣는다. 달걀흰자를 조금씩 더해가며 덩어리지지 않
도록 고무 스패츌러로 계속 젓는다. 여기에 바닐라 엑스트랙을 더하고 색을 낸 버
터도 더해 미지근한 액체 상태를 만든다. 반죽을 냉장고에 최소 12시간 넣어둔다.

⋯

3 ••• 버터 1 ½큰술을 녹여 페이스트리 붓으로 몰드에 바른다. 버터가 굳도록 냉장고에 10분 동안 넣어둔다.
전날 만들어놓은 반죽을 꺼낸다.
오븐을 210℃로 예열한다.
몰드가 차가워졌으면 밀가루를 조금 뿌리고 뒤집어 여분의 밀가루를 털어낸다. 몰드의 높이 ¾까지 피낭시에 반죽을 채운다.

4 ••• 오븐에 넣고 금빛이 돌 때까지 6~8분간 굽는다. 오븐에서 꺼내 잠깐 식힌다. 몰드에서 빼내어 식힘망에 올려 완전히 식힌다.

Chef's tip

피낭시에 반죽은 미리 만들어 뚜껑 있는 용기에 담아두면 2~3일 정도 가므로, 냉장고에 두었다가 필요한 양만큼 꺼내 구우면 된다.
구운 피낭시에는 3~4일 정도 두고 먹을 수 있는데, 완전히 식혀 밀폐 용기에 보관한다.

Financiers Pistache
피스타치오 피낭시에

버터 9큰술(125g)+몰드에 바를 버터 1 ½큰술
슈거파우더 ½컵에서 1큰술 뺀 양(55g)
케이크용 밀가루 ⅓컵과 1큰술(50g)
피스타치오 간 것(피스타치오가루) 2큰술(15g)
아몬드 간 것(아몬드가루) ⅓컵과 1큰술(35g)
베이킹파우더 ⅛작은술
달걀흰자 4개 분량

피스타치오 페이스트 1 ½큰술(25g)

조리 도구
2.5×5cm 미니 피낭시에 몰드 또는 4.5×8.5cm 1인용
피낭시에 몰드(9×4cm 바르케트 몰드로 대체 가능)
페이스트리 붓

가능하면 피낭시에 반죽은 하루 전에 만들어놓자.

Chef's tip
피낭시에 반죽은 미리 만들어 뚜껑 있는 용기에 담아두면 2~3일 정도 가므로, 냉장고에 두었다가 필요한 양만큼 꺼내 구우면 된다. 구운 피낭시에는 3~4일 두고 먹을 수 있는데, 완전히 식혀 밀폐 용기에 보관한다.

I ··· 냄비에 버터를 담아 약한 불에 녹인다.
큰 볼에 슈거파우더, 밀가루, 피스타치오 간 것, 아몬드 간 것, 베이킹파우더를 넣고 섞는다. 여기에 달걀흰자를 조금씩 더해가며 고무 스패출러로 계속 젓는다.

2 ··· 작은 볼에 피스타치오 페이스트를 담고 1번의 반죽 일부를 부어 풀어준다. 이것을 다시 1번의 반죽이 담긴 큰 볼에 붓는다. 녹인 버터(미지근한 온도)를 넣고 잘 섞이도록 젓는다. 냉장고에 최소 12시간 넣어둔다.

3 ··· 전날 준비해둔 반죽을 꺼낸다. 오븐을 210℃로 예열한다. 버터 1 ½큰술을 녹여 페이스트리 붓으로 몰드에 바른다. 몰드의 높이 ¾까지 피낭시에 반죽을 채운다.

4 ··· 오븐에 넣고 금빛이 돌 때까지 6~8분간 굽는다. 오븐에서 꺼내 잠깐 식힌 뒤에 몰드에서 빼낸다.

Madeleines
마들렌

레몬(껍질의 왁스를 제거한 것) 2개
백설탕 ¾컵과 1큰술(160g)
케이크용 밀가루 1 ⅓컵과 1큰술(175g) + 몰드에
뿌릴 케이크용 밀가루 2 ½큰술
베이킹파우더 2작은술(10g)
버터 12 ½큰술(180g) + 몰드에 바를 버터 1 ½큰술
달걀 4개
꿀(잡화꿀 또는 아카시아꿀) 1 ⅔큰술(35g)

조리 도구
마들렌 몰드
강판
페이스트리 붓

가능하면 마들렌 반죽은 하루 전에 만들어놓자.

I ••• 레몬은 껍질을 강판에 갈아 제스트를 만들고 큰 볼에 넣어 설탕과 섞는다.
볼 하나를 더 준비해 밀가루와 베이킹파우더를 체에 내린다.
작은 냄비에 버터를 담고 약한 불에 녹인다.

2 ••• 큰 볼을 하나 더 준비해 달걀, 설탕과 레몬 제스트 섞어 놓은 것, 꿀을 넣고 거품
이 날 때까지 거품기로 젓는다. 체에 내린 밀가루와 베이킹파우더를 더한다. 녹인 버
터도 넣고 반죽을 잘 섞는다. 냉장고에 넣어 최소 12시간 둔다.

•••

3 ••• 전날 만들어놓은 반죽을 꺼낸다. 버터 1 ½큰술을 녹여 페이스트리 붓으로 몰드
에 바른다. 버터가 굳게 냉장고에 15분 정도 넣어둔다. 몰드가 차가워지면 밀가루를
조금 뿌리고 뒤집어 여분의 밀가루는 털어낸다. 바로 구울 게 아니라면 몰드는 굽기
직전까지 냉장고에 두었다가 사용하도록 한다.

4 ••• 오븐을 200℃로 예열한다.
몰드의 높이 ¾까지 반죽을 채운다. 오븐에 넣고 미니 마들렌은 5~6분, 1인분 마들
렌은 8~10분간 굽는다. 마들렌에 금빛이 돌면 오븐에서 꺼내 잠깐 식힌 뒤에 몰드
에서 빼낸다.

Chef's tip

마들렌은 미지근할 때 먹어야 제맛인데, 굽자마자 바로 먹을 게 아니라면 일단 완전히 식
혀 밀폐 용기에 보관해야 부드럽고 촉촉함이 오래 간다. 논스틱 몰드를 사용하면 최상의
결과물을 얻을 수 있는데, 논스틱이라 해도 몰드에 버터를 바르고 밀가루를 뿌리는 것을
잊지 말자.

L

Cannelés Bordelais
보르도 카늘레

바닐라빈 1개
지방을 빼지 않은 전유(全乳) 2컵과 2큰술(500ml)
버터 3 ½큰술(50g) + 몰드에 바를 실온의 버터 3큰술
달걀 2개 + 달걀노른자 2개 분량
슈거파우더 2컵(240g)
숙성한 다크 럼 1 ½큰술

케이크용 밀가루 1컵에서 2큰술 뺀 양(110g) + 몰드에
뿌릴 케이크용 밀가루 2 ½큰술

조리 도구
카늘레 몰드 20개(지름 5.5cm)

카늘레 반죽은 하루 전에 미리 준비해둔다.

I •• 날카로운 칼로 바닐라빈을 길게 가른 뒤 칼끝으로 빈 안쪽을 긁어내 바닐라 씨
를 얻는다. 냄비에 우유를 붓고 바닐라빈 꼬투리와 바닐라 씨를 넣어 약한 불에 끓
인다. 불에서 내려 곧바로 뚜껑을 덮고 1시간 더 우려낸다. 바닐라빈 꼬투리를 건져
내고 마저 식힌다.
버터를 녹여 식힌다. 슈거파우더와 밀가루를 각각 체에 내려 작은 볼 2개에 담아놓는
다. 큰 볼에 달걀과 달걀노른자와 체에 내린 슈거파우더를 넣어 거품기로 젓는다. 계
속 저으면서 다음 재료를 하나씩 더하는데, 럼−녹인 버터−체에 내린 밀가루−바닐라
를 우린 우유 순으로 더한다. 반죽을 냉장고에 넣어 최소 12시간 둔다.

2 •• 카늘레 몰드에 녹인 버터를 발라 버터가 굳도록 냉장고에 15분 정도 둔다. 몰드
에 밀가루를 살짝 뿌리고 뒤집어 여분의 밀가루를 털어낸다. 바로 굽는 경우가 아니
면 몰드는 굽기 직전까지 냉장고에 두었다가 사용한다.

3 •• 오븐을 180℃로 예열한다. 차게 둔 몰드를 꺼내 높이보다 5mm 못 미치게 반죽을 붓는다. 오븐에 넣어 1시간 정도 굽는다. 굽는 동안 카늘레가 부풀어 오를 수 있는데 이럴 때는 칼끝으로 카늘레 가운데를 살짝 찔러주면 된다. 카늘레의 색이 아주 짙은 밤색이 되도록 익히는데, 프랑스에선 흔히들 '까매지면 카늘레가 다 익은 것'이라 표현하기도 한다. 곧바로 오븐에서 꺼내 식힘망에 올려 식힌다. 카늘레는 실온으로 먹어야 맛있다.

카늘레는 오래 두고 먹는 과자가 아니다. 시간이 지나면 눅눅해져 특유의 식감이 사라지므로 만든 당일에 바로 먹도록 하자. 대신 반죽은 미리 만들어놓을 수 있는데, 냉장고에 두면 2~3일은 문제 없다. 필요한 만큼 꺼내 반죽을 한 번 고루 잘 섞어준 다음 사용하면 된다.
카늘레를 만들 때는 어떤 몰드를 쓰느냐도 중요한데, 최고의 결과를 얻고 싶다면 실리콘 몰드보다는 구리 몰드를 선택하자.
새 구리 몰드는 처음 사용하기 전에 거쳐야 할 과정이 있다. 페이스트리 붓으로 몰드에 식용유를 바른 뒤 철망에 엎은 채로 250℃로 예열한 오븐에 20분간 굽는다. 그리고 나서 매번 사용 전에 버터를 발라주면 달라붙지 않는 보호 코팅막을 형성할 것이다.
사용 후 물로 씻어버리면 위의 과정을 처음부터 반복해야 하므로, 사용하고 난 구리 몰드는 물로 세척하는 대신 열기가 남아 있을 때 깨끗한 행주로 닦아낸다.

Pain Perdu
프렌치 토스트

바닐라빈 ½개
헤비 크림(더블 크림) 1 ⅔컵(400ml)
달걀노른자 4개 분량
백설탕 ½컵에서 2큰술 뺀 양(80g)

높이 20cm의 원통형 브리오슈 1개 또는 길이 20cm의
식빵 모양 브리오슈 1개
팬에 두를 버터 1 ½큰술

Chef's tip

프렌치 토스트를 만들 재료로는 갓 구운 브리오슈보다는 이틀쯤 되어 살짝 눅눅해진 브리오슈가 제격이다. 갓 구운 따끈한 프렌치 토스트에 메이플 시럽을 뿌려 먹어도 맛있다.

1 ··· 날카로운 칼로 바닐라빈을 길게 가른 뒤 칼끝으로 빈 안쪽을 긁어내 바닐라 씨를 얻는다. 냄비에 크림을 붓고 바닐라빈 꼬투리와 바닐라 씨를 넣어 약한 불에 끓인다. 불에서 내려 뚜껑을 덮고 1시간 더 우려내 완전히 식힌다. 바닐라빈 꼬투리는 건져낸다.

2 ··· 큰 볼에 달걀노른자와 설탕을 넣고 색이 연해질 때까지 거품기로 젓는다. 그런 다음 바닐라 우린 크림을 붓고 고무 스패출러로 잘 섞는다.

3 ··· 브리오슈를 2cm 두께로 썰고 껍질을 벗긴다. 손잡이가 달린 큼직한 프라이팬을 불에 올리고 버터 조각을 넣는다. 슬라이스한 브리오슈를 크림 혼합물에 담가 위아래를 고루 적신 뒤 여분의 액체는 털어낸다. 팬에 올려 금빛이 돌 때까지 각 면을 1분 정도씩 굽는다. 뜨거울 때 곧바로 먹는다.

264

Chaussons aux Pommes

쇼송 오 폼

퍼프 페이스트리

도우 500g: 기본 레시피 페이지 참조

작업대에 뿌릴 다목적 밀가루 2 ½큰술

마지막에 색을 내는 용도의 달걀 1개

사과 콤포트

사과 750g

버터 7큰술(100g)

백설탕 ½컵(100g)

바닐라파우더 약간(또는 바닐라 엑스트랙 약간)

물 3 ⅓큰술(50ml)

레몬 ½개

사과 슬라이스

사과 2개

시럽

물 3 ⅓큰술(50ml)

백설탕 ¼컵(50g)

조리 도구

타원형 페이스트리 커터

페이스트리 붓

퍼프 페이스트리

I ••• 작업대에 밀가루를 뿌리고 퍼프 페이스트리 도우를 펼쳐 2mm 두께로 민다. 타원형 페이스트리 커터로 10개의 타원을 자른다. 베이킹 시트를 한 장 깔고 자른 타원 페이스트리들을 서로 겹치게 해 올린다. 냉장고에 1시간 넣어둔다.

사과 콤포트

2 ••• 레몬 반 개의 즙을 짠다. 채소 필러로 사과 껍질을 벗긴 뒤 4등분해 가운데 씨 부분을 제거하고 2~3mm 두께로 썰어놓는다.

냄비에 버터를 녹이고 썰어놓은 사과를 넣어 갈색이 돌게 익힌다. 설탕, 바닐라파우

•••

더, 물, 레몬주스를 더한다. 뚜껑을 덮고 중간 불에 10분 정도, 사과가 부드러워지고 투명해지면서 부스러지기 시작할 때까지 익힌다.

질척한 콤포트가 되지 않게 하려면 최소량의 물을 사용하는 것이 중요하다. 사과가 익어가는 정도를 지켜보면서 냄비의 뚜껑을 잘 닫고 조리하는 것 또한 중요하다. 그렇지 않으면 물이 수증기로 다 날아가버려 사과 빛깔은 짙어지면서 냄비 바닥에 눌어붙을 것이다. 필요하면 마지막엔 불을 약하게 줄여 잘 저어가며 마무리하자.

불에서 내려 식힌다.

사과 슬라이스

3 ••• 사과는 껍질을 벗기고 씨 부분을 제거해 8등분한 뒤 각각을 2mm 두께로 썬다. 식혀둔 사과 콤포트에 넣는다.

사과 필링

4 ••• 냉장고에서 페이스트리 반죽을 꺼낸다. 잘라놓은 타원형 도우 중 하나를 작업대에 올린 뒤 가장자리를 따라 페이스트리 붓으로 물을 바른다. 사과 콤포트를 2숟가락 가득 퍼서 도우의 가운데에 올린 뒤 물 묻힌 곳끼리 맞물리게 덮어 반원 모양을 만든다.

맞물린 곳을 살짝 눌러가며 잘 붙인다.

남은 도우를 같은 방법으로 완성한 뒤 유산지를 깐 베이킹 시트에 뒤집어서 배열한다.

5 ••• 작은 볼에 달걀을 풀어 페이스트리 붓에 묻히고 4번 과정에서 뒤집어 놓은 파이
에 고루 바른다. 나뭇잎 반쪽 모양이라 생각하며 칼끝으로 나뭇잎 결을 표현한다. 냉
장고에 1시간 넣어 휴지한다.
오븐을 180℃로 예열한다. 베이킹 시트를 오븐에 넣고 40분 정도 굽는다.

시럽

6 ••• 굽는 동안 시럽을 만든다. 물과 설탕을 끓인 뒤 식힌다.
쇼송 오 폼이 다 구워졌으면 오븐에서 꺼내어 페이스트리 붓으로 시럽을 발라 마무
리한다.

LES GÂTEAUX DE GOÛTER ET CONFISERIES

티 케이크와 사탕, 초콜릿

Cake au Citron
레몬 케이크

데친 레몬 슬라이스
레몬(껍질의 왁스를 제거한 것) 3개
물 1컵(250ml)
백설탕 ½컵과 2큰술(125g)

레몬 케이크 반죽
버터 5큰술(75g) + 빵틀에 바를 버터 1큰술
다목적 밀가루 1 ⅔컵(210g) + 빵틀에 뿌릴 다목적
밀가루 1큰술
활성 건조 이스트 1작은술(5g)
레몬(껍질의 왁스를 제거한 것) 1개
백설탕 1 ¼컵(250g)
달걀 3개
헤비 크림(더블 크림) ½컵에서 1큰술 뺀 양(110ml)
천일염 약간

럼 1 ⅔큰술(25g)

레몬 시럽
물 ½컵(125ml)
백설탕 ½컵과 2큰술(120g)
레몬주스 ¼컵(60ml)

레몬 글레이즈
레몬 젤리 50g
물 1큰술

조리 도구
빵틀(25×8×8cm)
강판

데친 레몬 슬라이스

I ••• 데친 레몬 슬라이스는 하루 전에 만들어놓는다. 레몬을 2mm 두께로 얇게 썬다.
물과 설탕을 약한 불에 올려 가볍게 끓으면 레몬을 조심해서 넣는다. 가장 약한 불로
20분간 데친다. 끓어오르지 않도록 주의한다. 식힌 뒤 볼이나 용기에 내용물을 모두
옮겨 담고 냉장고에 최소 12시간 넣어둔다.
그중 모양이 예쁜 레몬 6조각은 나중에 장식으로 쓸 수 있게 따로 챙겨둔다. 나머지
레몬은 시럽을 대강 털어낸 뒤 120g을 맞춰 반으로 썰어놓는다.

레몬 케이크 반죽

2 ••• 빵틀에 버터를 바르고 긴 직사각형으로 자른 유산지를 깔아 나중에 내용물을 빼내기 쉽게 한다. 버터가 굳게 냉장고에 10분간 넣어둔 다음 꺼내어 안쪽에 밀가루를 뿌리고 뒤집어 여분의 가루를 털어낸다.

3 ••• 작은 냄비에 버터 75g을 넣고 약한 불에 데운다. 버터가 녹으면 바로 불에서 내린다.
작은 볼에 체에 내린 밀가루와 이스트를 넣는다. 레몬은 껍질을 강판에 갈아 제스트를 만들고 큰 볼에 넣어 설탕과 섞는다. 여기에 달걀을 한 번에 하나씩 더해가며 거품기로 젓는다. 계속 저어주면서 크림, 소금, 럼까지 더한다. 여기에 나무 주걱이나 고무 스패출러로 체에 내린 밀가루와 이스트, 반으로 썰어둔 데친 레몬 슬라이스, 녹인 버터(미지근한 온도)를 넣고 잘 섞는다.

4 ••• 오븐을 210℃로 예열한다.
빵틀 높이에 2cm 못 미치는 곳까지 반죽을 부어 채운다. 오븐에 넣어 10분 굽는다. 잠시 꺼내 케이크 중앙에 껍질을 이룬 부분을 칼끝으로 길게 갈라준다. 곧바로 오븐에 다시 넣고 오븐 온도를 180℃로 낮춰 45분 더 굽는다. 칼끝으로 찔러 보아 케이크의 익은 정도를 확인한다. 칼끝에 아무것도 묻어나지 않으면 잘 익은 것이다.

레몬 시럽

5 ⋯ 케이크를 굽는 동안 시럽을 만든다. 물, 설탕, 레몬주스를 끓인 뒤 식혀놓는다.

6 ⋯ 테두리 높이가 어느 정도 되는 베이킹 시트를 놓고 그 위에 식힘망을 올린다. 케이크가 다 구워졌으면 몰드에서 빼내 식힘망에 올려 식힌다. 시럽을 미지근한 온도로 데운다. 국자로 시럽을 떠서 식힘망 위의 케이크에 붓는다. 베이킹 시트로 떨어진 시럽은 다시 모아 케이크에 붓는다. 2회 더 반복한다. 식힌 뒤에 따로 골라 놓은 6개의 레몬으로 장식한다.

레몬 글레이즈

7 ⋯ 냄비에 레몬 젤리와 물을 넣고 잘 젓는다. 끓이면 안 되고 약한 불에서(최고 50~60℃) 데우는데, 나무 주걱으로 떠 봤을 때 글레이즈가 막처럼 덮인 채 유지되는 점도면 알맞게 된 것이다. 케이크에 글레이즈를 입혀 마무리한다.

Chef's tip

레몬 케이크는 랩으로 싸거나 밀폐 용기에 담아 냉장고에 보관하자. 상쾌하고 시원한 맛을 즐긴다면 냉장고에서 바로 꺼내서 먹고, 좀 더 부드러운 맛을 선호한다면 먹기 1시간 전에 꺼내두자.

Cake Chocolat à l'Orange
초콜릿 오렌지 케이크

데친 오렌지 슬라이스
오렌지 1개
물 ¾컵과 2큰술(200ml)
백설탕 ½컵(100g)

오렌지 케이크 반죽
씨없는 황금색 건포도(설타나 품종) ½컵(75g)
버터 10 ½큰술(150g) + 빵틀에 바를 버터 1큰술
다목적 밀가루 1컵에서 1큰술 뺀 양(120g) + 빵틀에
뿌릴 다목적 밀가루 1큰술
설탕을 가미하지 않은 코코아파우더 ⅓컵(30g)
활성 건조 이스트 1작은술(5g)
백설탕 ¾컵(150g)
달걀 3개

설탕에 졸인 오렌지 1 ¼컵(210g)_주사위 모양으로
썰어 준비

오렌지 시럽
오렌지주스 ⅔컵에서 1큰술 뺀 양(150ml)
백설탕 ½컵과 2큰술(120g)
그랑 마르니에 ⅓컵(80ml)

오렌지 글레이즈
오렌지 젤리 50g
물 1큰술

조리 도구
빵틀(25×8×8cm)

데친 오렌지 슬라이스

I •• 데친 오렌지 슬라이스는 하루 전에 만들어놓는다. 오렌지는 2mm 두께로 얇게 썬
다. 냄비에 물과 설탕을 넣고 약한 불에 올려 가볍게 끓으면 조심해서 오렌지를 넣는
다. 약한 불로 30분간 데친다. 이때 끓어오르지 않도록 주의한다. 식힌 뒤 시럽을 털
어내고 냉장고에 넣어둔다.

초콜릿 케이크 반죽

2 •• 이번 과정도 하루 전에 해놓는다. 건포도를 볼에 담고 뜨거운 물을 1cm 정도 자작하게 붓는다. 랩으로 덮어 실온에서 최소 12시간 정도 두어 건포도를 불린 뒤 물기를 뺀다.

3 •• 빵틀에 버터를 바르고 긴 직사각형으로 자른 유산지를 깔아 나중에 내용물을 빼내기 쉽게 한다. 버터가 굳게 냉장고에 10분간 넣어둔다. 꺼낸 뒤 안쪽에 밀가루를 뿌리고 뒤집어 여분의 가루를 털어낸다.

4 •• 버터와 달걀을 실온에 꺼내둔다.
큰 볼에 코코아파우더와 밀가루, 이스트를 체친다.
다른 볼을 하나 더 준비해 버터를 넣고 크림 상태가 될 때까지 젓는다. 여기에 설탕을 넣고 힘차게 젓는다. 계속 저으면서 달걀을 한 번에 하나씩 더한다. 나무 주걱이나 고무 스패출러로 체에 내린 코코아파우더와 가루 재료를 더한다. 물기를 빼둔 건포도와 썰어놓은 오렌지 설탕졸임도 한데 넣어 섞는다.

5 •• 오븐을 220℃로 예열한다.
빵틀 높이의 2cm 못 미치는 곳까지 반죽을 부어 채운다. 오븐에 넣어 10분간 굽는다. 잠시 꺼내 케이크 중앙에 껍질을 이룬 부분을 칼끝으로 길게 갈라준다. 곧바로 오븐에 다시 넣고 오븐 온도를 180℃로 낮춰 40~45분 정도 더 굽는다. 칼끝으로 찔러 보아 케이크의 익은 정도를 확인한다. 칼끝에 아무것도 묻어나지 않으면 잘 익은 것이다.

오렌지 시럽

6 ••• 케이크를 굽는 동안 시럽을 만든다. 오렌지주스와 설탕을 넣고 끓인다. 불에서 내려 그랑 마르니에를 섞는다.

7 ••• 테두리 높이가 어느 정도 되는 베이킹 시트를 놓고 그 위에 식힘망을 올린다. 케이크가 다 구워졌으면 몰드에서 빼내 식힘망에 올려 식힌다. 시럽을 미지근한 온도로 데운다. 국자로 시럽을 떠서 식힘망 위의 케이크에 붓는다. 베이킹 시트로 떨어진 시럽은 다시 모아 케이크에 붓는다. 2회 더 반복한다. 식힌 뒤에 데친 오렌지 슬라이스로 장식한다.

오렌지 글레이즈

8 ••• 냄비에 오렌지 젤리와 물을 넣고 잘 젓는다. 끓이면 안 되고 약한 불에서(최고 50~60℃) 데우는데, 나무 주걱으로 떠 봤을 때 글레이즈가 막처럼 덮인 채 유지되는 점도면 알맞게 된 것이다. 케이크에 글레이즈를 입혀 마무리한다.

Pain d'Épices
향신료 케이크

물 ⅔컵(150ml)
아니스 10g
버터 5큰술(75g) + 빵틀에 바를 버터 1 ½큰술
백설탕 ½컵(100g)
밤꿀 ⅓컵(100g)
오렌지(껍질의 왁스를 제거한 것) 1개
레몬(껍질의 왁스를 제거한 것) 1개
호밀가루 1컵(110g)
다목적 밀가루 1컵에서 2큰술 뺀 양(115g) + 빵틀에
뿌릴 다목적 밀가루 2 ½큰술
활성 건조 이스트 1작은술(5g)

시나몬가루 2작은술(5g)
4가지 향신료 혼합 가루(후추, 클로브, 너트메그, 생강)
1작은술(3g)
설탕에 졸인 오렌지 2큰술(30g)_주사위 모양으로 썰어
준비

조리 도구
빵틀(25×8×8cm)
강판

I •• 다음에 만들 시럽이 충분히 식을 시간을 벌기 위해 하루 전에 만들기를 권한다. 냄비에 물, 아니스, 버터, 설탕, 꿀을 넣고 끓인다. 불에서 내려 뚜껑을 덮고 더 우러나도록 2시간 둔다. 고운 체에 내린 뒤 찌꺼기를 제거하고 실온에 하룻밤 둔다.

2 •• 빵틀에 버터를 바르고 긴 직사각형으로 자른 유산지를 깔아 나중에 내용물을 빼내기 쉽게 한다. 버터가 굳게 냉장고에 10분간 넣어둔 뒤 꺼내어 안쪽에 밀가루를 뿌리고 뒤집어 여분의 가루를 털어낸다.

3 ••• 오렌지와 레몬은 껍질을 강판에 갈아 제스트를 만든다.

큰 볼에 밀가루, 이스트, 시나몬, 4가지 향신료 혼합 가루를 체친다. 여기에 레몬 제스트와 설탕에 졸인 오렌지를 넣는다.

아니스 우린 시럽을 몇 번에 나눠 부으면서 덩어리지지 않도록 나무 주걱으로 계속 젓는다.

4 ••• 오븐을 210℃로 예열한다.

빵틀 높이의 2cm 못 미치는 곳까지 반죽을 부어 채운다. 오븐에 넣어 10분간 굽는다. 잠시 꺼내 케이크 중앙에 껍질을 이룬 부분을 칼끝으로 길게 갈라준다. 곧바로 오븐에 다시 넣고 오븐 온도를 180℃로 낮춰 45분간 더 굽는다. 칼끝으로 찔러 보아 케이크의 익은 정도를 확인한다. 칼끝에 아무것도 묻어나지 않으면 잘 익은 것이다.

5 ••• 오븐에서 꺼내 5분간 식힌다.

몰드에서 케이크를 빼내어 식힘망에 올려 완전히 식힌다.

Chef's tip

케이크가 식으면 랩으로 싸서 실온에 24시간 두었다 먹자. 이렇게 숙성하면 맛이 한층 깊어진다.

Crêpes
크레이프

오렌지(껍질의 왁스를 제거한 것) 1개
케이크용 밀가루 1 ⅓컵(165g)
백설탕 3큰술(40g)
달걀 4개
지방을 빼지 않은 전유(全乳) 2컵과 2큰술(500ml)
버터 3큰술(40g) + 팬에 두를 버터 1 ½큰술

식용유 1큰술
럼 1큰술_취향에 따라 선택
쿠앵트로 또는 그랑 마르니에 1큰술_취향에 따라 선택

조리 도구
강판

1 ••· 오렌지는 껍질을 강판에 갈아 제스트를 만든다.
큰 볼에 밀가루를 체치고 설탕, 오렌지 제스트, 달걀을 더한다. 계속 저으면서 우유를
천천히 부어 덩어리진 곳 없이 매끈한 반죽을 만든다. 작은 냄비에 버터를 서서히 녹
여 반죽에 더한다. 식용유를 넣고 알코올류는 취향에 따라 선택해 넣는다.
반죽을 실온에 최소 1시간 둔다.

2 ••· 달군 팬(논스틱이면 좋다)에 종이 타월로 버터를 얇게 바른다. 국자로 반죽을 충
분히 떠서 팬에 부은 뒤 팬을 살살 흔들어 반죽을 얇고 고르게 펴준다. 약한 불에서
반죽이 자리 잡을 때까지 한쪽을 굽고(약 1분 소요) 뒤집어서 금빛이 돌 때까지 더 굽
는다.
구운 크레이프는 겹겹이 포개놓으면 서로 부드럽고 촉촉하게 유지시켜준다. 팬 2개
를 사용하면 한쪽이 구워질 때 다른 한쪽에는 반죽을 올리는 식으로 하여 작업에 속
도를 낼 수 있다.

3 ••• 크레이프에 설탕을 뿌려도 좋고 크레이프 위에 잼(설탕이 많이 들어가지 않은 잼)과 녹인 초콜릿, 헤이즐넛 스프레드를 올려도 좋다. 개인적으로는 레몬을 곁들여 설탕을 살짝만 뿌린 크레이프를 좋아한다.

Chef's tip

크레이프 반죽은 2시간 전에 준비하자. 만약 덩어리가 졌다면 재빨리 저어 풀어주는데, 반죽에 거품이 나도록 오래 저으면 안 된다.
크레이프를 미리 구워두고 싶다면 구운 뒤 겹쳐 쌓아두자. 크레이프를 부드럽고 촉촉하게 유지하는 방법이다. 구운 크레이프는 실온에 보관한다.

Gaufres Maison
홈메이드 와플

케이크용 밀가루 ½컵과 1 ½큰술(75g)
지방을 빼지 않은 전유(全乳) ½컵(125ml) + 지방을
빼지 않은 전유(全乳) ⅓컵(75ml)
백설탕 1 ½큰술(20g)
소금 약간
버터 2큰술(30g)
달걀 3개
생크림(또는 사워 크림) ¼컵(50ml)

오렌지 플라워 워터 1큰술

장식을 위한 슈거파우더 약간

조리 도구
와플 팬
페이스트리 붓

I ••• 밀가루를 체에 내린다. 냄비에 우유 ½컵(125ml), 설탕, 소금, 버터를 넣어 끓인다. 불에서 내려 밀가루를 더하고 고무 스패츌러로 힘차게 저어 균질한 상태를 만든다. 냄비를 다시 약한 불에 올려 1분간 힘차게 저으면서 수분을 날린다. 덩어리로 뭉쳐지면서 냄비에 눌어붙지 않을 때까지 계속 젓는다.

2 ••• 반죽을 큰 볼에 옮겨 식힌다. 여기에 달걀을 더하는데 한 번에 하나씩 넣어가며 고무 스패츌러로 조심스럽게 저어 섞는다.

3 ••• 여기에 생크림과 우유 ⅓컵(75ml), 오렌지 플라워 워터를 더해 잘 저은 뒤 실온에 1시간 둔다.

4 ••• 달군 와플 팬에 페이스트리 붓으로 기름을 살짝만 바른다.
충분한 양의 반죽을 붓는다. 금빛이 돌 때까지 3~4분 굽는다.
슈거파우더를 뿌려 마무리한다.

Chef's tip

개인적으로는 갓 구운 와플에 샹티이 크림을 얇게 바르고 그리 달지 않은 딸기잼을 살짝 올려 먹는 것을 좋아한다. 와플에 온기가 남아 있을 때 얼른 접시에 담아 샹티이 크림과 딸기 쿨리 또는 라즈베리 쿨리를 곁들여보자. 이때 쿨리는 잼처럼 너무 달지 않으면서 과일 맛이 풍부하게 살아 있는 것으로 고르는 게 좋다.

Gâteau Moelleux au Chocolat
부드러운 초콜릿 케이크

버터 10 ½큰술(150g) + 팬에 바를 버터 1 ½큰술
케이크용 밀가루 ¼컵(35g) + 팬에 뿌릴 케이크용
밀가루 2 ½큰술
초콜릿(카카오 매스 최소 70%) 150g
설탕을 가미하지 않은 코코아파우더 1큰술
달걀 1개 + 달걀노른자 4개 분량 + 달걀흰자 7개 분량
백설탕 ¾컵(150g)

조리 도구
원형 케이크 팬(지름 22.5cm, 옆면이 직선으로 떨어지
는 것 또는 경사진 것)

1 ••• 케이크 팬에 버터를 바르고 버터가 굳게 냉장고에 5분간 넣어둔다. 꺼내어 안쪽
에 밀가루를 뿌리고 뒤집어 여분의 가루를 털어낸다. 냉장고에 다시 넣어둔다. 초콜
릿은 도마에 놓고 칼로 잘게 다진다. 초콜릿을 내열 용기에 담아 물이 가볍게 끓고 있
는 팬에 그릇째 넣어 중탕한다. 초콜릿 용기에 버터를 넣은 뒤 약한 불에서 고무 스
패출러로 저어가며 함께 녹인 다음 불에서 내린다. 밀가루와 코코아파우더는 체에
내려 따로 담아놓는다.

2 ••• 오븐을 180℃로 예열한다. 물이 가볍게 끓고 있는 팬에 큰 믹싱 볼을 올리고 달
걀, 달걀노른자, 설탕 ⅓컵(75g)을 넣어 거품기로 잘 저어주며 섞는다. 반죽이 되직
해질 때까지 젓는다. 불에서 내려 한쪽에 둔다. 물기 없는 깨끗한 큰 볼을 준비해 달
걀흰자를 넣어 거품을 낸다. 충분한 양의 거품이 올라오면 남은 설탕 ⅓컵(75g)을 넣
고 1분 정도 더 젓는다.

•••

3 •• 달걀과 설탕 혼합물의 ⅓을 초콜릿과 버터 혼합물에 조심스럽게 섞어준다. 이것
을 남아 있는 달걀과 설탕 혼합물 ⅔에 도로 부어 잘 섞는다.
여기에 흰자 거품 낸 것 중 ⅓을 더하고 체에 내린 밀가루와 코코아파우더도 넣어 섞
는다. 이것을 남아 있는 흰자 거품 낸 것에 붓는다. 부드러운 반죽이 되도록 고루 섞
되, 살살 접듯이 섞어야지 지나치게 휘젓지 않도록 한다.

4 •• 반죽을 케이크 팬에 붓고 오븐에 넣은 뒤 오븐 온도를 170℃로 낮춰 25분간 굽는
다. 오븐에서 꺼내 30분 정도 식힌 뒤에 몰드에서 빼낸다.

Chef's tip

다 구운 케이크는 실온에서 보관하고 24시간이 지나기 전에 먹어야 제맛을 즐길 수 있다.

Flan Patissier
커스터드 타르트

타르트 셸을 만들 쇼트크러스트 페이스트리
기본 레시피 페이지 참조
작업대에 뿌릴 다목적 밀가루 2 ½큰술
타르트 팬에 바를 버터 1 ½큰술

커스터드 필링
바닐라빈 2개
지방을 빼지 않은 전유(全乳) 2컵과 2큰술(500ml)

헤비 크림(더블 크림) 1 ⅓컵(325ml)
달걀 2개 + 달걀노른자 2개 분량
백설탕 1컵과 1큰술(210g)
옥수수 전분(옥수수가루) ⅔컵(85g)
버터 2큰술(25g)

조리 도구
타르트 팬(지름 22.5cm, 높이 3cm)

타르트 셸을 만들 쇼트크러스트 페이스트리

1 ⸱⸱ 쇼트크러스트 페이스트리를 만든다(기본 레시피 참조).
작업대에 밀가루를 뿌리고 도우를 2mm 두께로 민다. 타르트 팬에 버터를 바른 뒤 반죽을 올리고 옆면을 살살 눌러가면 팬에 깐다. 가장자리 여분은 다듬어 정리한 뒤 냉장고에 넣어 1시간 동안 휴지한다.

커스터드 필링

2 ⸱⸱ 날카로운 칼로 바닐라빈을 길게 가른 뒤 칼끝으로 빈 안쪽을 긁어내 바닐라 씨를 얻는다. 냄비에 우유와 크림을 붓고 바닐라빈 꼬투리와 바닐라 씨를 넣어 약한 불에 끓인다. 불에서 내려 곧바로 뚜껑을 덮어 15분간 더 우려낸다. 바닐라빈 꼬투리를 건져낸다.

3 ••• 오븐을 170℃로 예열한다.

타르트 팬을 꺼내 포크로 도우 바닥을 콕콕 찍어 굽는 동안 도우가 부풀어 오르는 것을 막는다. 유산지는 셸 지름보다 크게 원형으로 잘라 도우 위에 올린 뒤 옆면과 구석까지 살살 눌러주어 뜨는 곳이 없도록 한다. 마른 콩이나 파이 웨이트를 종이 위에 부어 고르게 편다.

연한 색깔이 나올 때까지 20분 정도 굽는다.

타르트 셸을 오븐에서 꺼내 식힌다.

마른 콩(또는 파이 웨이트)과 유산지를 걷어낸다.

4 ••• 큰 볼에 달걀, 달걀노른자, 설탕을 넣고 색이 연해질 때까지 거품기로 잘 젓는다. 옥수수 전분을 더한다.

냄비에 바닐라 우린 우유와 크림을 담아 가볍게 끓인다. 그중 ⅓을 달걀, 설탕, 옥수수 전분을 섞어둔 볼에 부은 뒤 거품기로 잘 섞는다. 이번에는 이 섞인 반죽을 우유와 크림이 ⅔ 남아 있는 냄비에 붓는다. 냄비를 다시 불에 올려 거품기로 계속 저어가며 끓인다. 눌어붙지 않도록 냄비 안쪽에 달라붙는 것을 고무 스패츌러로 잘 긁어내려가며 끓인다.

불에서 내려 큰 볼에 방금 만든 커스터드 크림을 붓고 10분 정도 식힌다.

5 ••• 그동안 오븐을 170℃로 예열한다.

커스터드가 델 정도는 아니지만 여전히 뜨거울 때 버터를 넣고 균질한 질감이 되게 잘 저어 녹인다. 커스터드를 구워놓은 타르트 셸에 부어 오븐에서 45분간 굽는다.

Clafoutis aux Cerises
체리 클라푸티

레몬(껍질의 왁스를 제거한 것) 1개
백설탕 ¾컵과 2큰술(175g) + 타르트 팬에 뿌릴
백설탕 1 ½큰술
소금 약간
옥수수 전분(옥수수가루) ⅓컵(50g)
케이크용 밀가루 ⅓컵(50g)
달걀 3개 + 달걀노른자 2개 분량
지방을 빼지 않은 전유(全乳) 1 ¼컵(300ml)

헤비 크림(더블 크림) 1 ¼컵(300ml)
체리 500g
타르트 팬에 바를 버터 1 ½큰술

조리 도구
타르트 팬(지름 25cm, 높이 3cm)
강판
페이스트리 붓

1 ••· 레몬은 껍질을 강판에 갈아 제스트를 만들고, 볼에 넣어 설탕과 섞는다. 여기에 소금, 옥수수 전분, 밀가루를 더한다. 달걀, 달걀노른자도 넣어 고루 섞는다. 우유와 크림도 넣고 반죽을 만든다.

2 ••· 체리 씨를 뺀다. 오븐은 170℃로 예열한다.
버터를 녹여 페이스트리 붓으로 타르트 팬에 바른 뒤 설탕을 뿌려놓는다. 팬에 체리를 깔고 반죽을 부어 오븐에 40분 정도 굽는다.

Chef's tip

체리 씨를 빼지 않고 클라푸티를 만들면 더욱 깊은 맛을 낼 수 있다. 체리에서 물도 덜 나와 눅눅한 클라푸티가 되는 것을 막을 수 있다. 쇼트크러스트 페이스트리로도 클라푸티를 만들 수 있는데, 오븐을 170℃로 예열해 페이스트리에 연한 색이 돌 때까지 20분 정도 구운 뒤 체리와 클라푸티 반죽으로 속을 채워 위의 방법과 마찬가지로 40분간 굽는다.

Gâteau Moelleux à l'Orange
부드러운 오렌지 케이크

데친 오렌지 슬라이스
오렌지(껍질의 왁스를 제거한 것) 1개
물 ¾컵과 2큰술(200ml)
백설탕 ½컵(100g)

케이크 반죽
버터 1컵(225g) + 팬에 바를 버터 1 ½큰술
다목적 밀가루 1 ⅓컵과 1큰술(175g) + 팬에 뿌릴
다목적 밀가루 2 ½큰술
달걀 3개
오렌지(껍질의 왁스를 제거한 것) 3개
백설탕 1컵과 2큰술(225g)
활성 건조 이스트 2작은술(11g)

오렌지 시럽
백설탕 ½컵(90g)
오렌지주스 ¾컵과 1큰술(200ml)

오렌지 글레이즈
오렌지 젤리 100g
물 2큰술

조리 도구
원형 케이크 팬(지름 22cm, 옆면이 경사진 것)
강판

데친 오렌지 슬라이스

1 ••• 오렌지를 깨끗이 씻어 2mm 두께로 얇게 썬다. 물과 설탕을 약한 불에 올려 가볍
게 끓으면 오렌지를 조심해서 넣는다. 약한 불에 20분간 데친다. 이때 끓어오르지 않
도록 주의한다. 식힌 뒤 시럽을 털어내고 냉장고에 넣어둔다.

케이크 반죽

2 ••• 버터를 바른 팬에 둥글게 자른 유산지를 깔아 나중에 내용물을 빼내기 쉽게 한
다. 버터가 굳게 냉장고에 10분 넣어둔다. 꺼내어 안쪽에 밀가루를 뿌리고 뒤집어 여
분의 가루를 털어낸다.

•••

3 ••• 달걀을 실온에 꺼내둔다. 오렌지는 껍질을 강판에 갈아 제스트를 만들어 설탕과 섞는다. 오렌지 과육은 즙을 낸다.

4 ••• 버터를 내열 용기에 담아 물이 가볍게 끓고 있는 팬에 그릇째 넣어 중탕하거나 전자레인지에 돌려 크림 상태로 만든다. 버터에 다음 재료들을 차례로 넣는데, 하나씩 넣을 때마다 고루 잘 섞어준 뒤 다음 재료로 넘어간다. 설탕과 제스트 섞은 것–실온의 달걀–밀가루–이스트–오렌지 즙 순으로 넣는다.
오븐을 180℃로 예열한다.
케이크 팬 높이의 2cm 못 미치는 곳까지 반죽을 부어 채운다. 오븐에 넣어 45분간 굽는다.

오렌지 시럽

5 ••• 케이크를 굽는 동안 시럽을 만든다. 오렌지주스와 설탕을 넣고 끓인다. 불에서 내려놓는다.

6 ••• 테두리 높이가 어느 정도 되는 베이킹 시트를 놓고 그 위에 식힘망을 올린다. 케이크가 다 구워졌으면 몰드에서 빼내 식힘망에 올려 식힌다. 시럽을 미지근한 온도로 데운다. 국자로 시럽을 떠서 식힘망 위의 케이크에 붓는다. 베이킹 시트로 떨어진 시럽은 다시 모아 케이크에 붓는다. 이 과정을 2회 반복한다. 식힌 뒤에 데친 오렌지 슬라이스로 장식한다.

오렌지 글레이즈

7 ••• 냄비에 오렌지 젤리와 물을 넣고 잘 젓는다. 끓어오르면 안 되고 약한 불에서(최고 50~60℃) 데우는데, 나무 주걱으로 떠 봤을 때 글레이즈가 막처럼 덮인 채 유지되는 점도면 알맞게 된 것이다. 케이크에 글레이즈를 입혀 마무리한다.
식힌 뒤 실온에 두고 먹는다.

Guimauve Fraise &
Fleur d'Oranger
딸기 머시멜로와 오렌지 플라워 머시멜로

머시멜로
판 젤라틴 12장 또는 가루 젤라틴 3큰술(21g)
물 ⅔컵(150ml)
백설탕 2 ½컵(500g) + 백설탕 2큰술(25g)
글루코스 시럽(옥수수 시럽) ¼컵(75g)
달걀흰자 6개 분량
딸기 과육 ½컵(100g)
오렌지 플라워 워터 5큰술(25g)

담아내기
슈거파우더 ¾컵(100g)
감자 전분 ⅔컵(100g)

조리 도구
당과용 온도계(필수)
사각 링 몰드(길이 25cm) 또는 3cm 높이의 베이킹
시트

1 ••• 유산지를 베이킹 시트 크기에 맞게 자른다. 시트 위에 유산지를 깔고 그 위에 사각 몰드를 놓는다. 사각 몰드가 없으면 쿠킹 포일을 50cm로 잘라 가로로 몇 번 접어 50×3cm 띠를 만든다. 이 띠를 25cm 길이가 되게 반으로 접는다. 3cm 높이의 베이킹 시트에 띠를 직각으로 세워놓는데, 직각인 시트의 두 모서리 면을 이용해 25×25cm 정사각형 구조를 만든다.

2 ••• 아주 차가운 물을 담은 작은 볼에 판 젤라틴을 넣고 부드럽게 풀어지도록 10분 정도 둔다.
판 젤라틴을 건져 꼭 짜서 물기를 완전히 없앤다.

•••

냄비에 물 ⅔컵과 백설탕, 글루코스 시럽을 넣는다. 당과용 온도계로 온도를 재면서 130℃까지 끓인다. 120℃로 올라갔을 때 물기 없는 깨끗한 큰 볼에 달걀흰자를 거품 내기 시작한다.

충분한 양의 거품이 올라오면 설탕 2큰술(25g)을 넣고 잘 젓는다. 설탕과 시럽을 130℃까지 끓이는 작업과 흰자 거품 내는 작업이 동시에 끝나야 한다. 설탕과 시럽 끓인 것을 거품 낸 흰자에 조금씩 섞어가며 머랭이 될 때까지 거품기로 젓는다.

3 ••• 물기를 제거한 젤라틴을 뜨거운 머랭에 넣고 젤라틴이 다 녹을 때까지 섞는다. 여기에 나무 주걱이나 고무 스패츌러로 딸기 과육과 오렌지 플라워 워터를 더해 살살 섞어주면 머시멜로 반죽이 완성된다.

4 ••• 머시멜로 반죽을 사각 몰드 또는 베이킹 시트에 만들어놓은 정사각형 구조에 3cm 두께로 붓는다. 실온으로 식힌 뒤 서늘한 곳(12~16℃)으로 옮겨 하룻밤 두며 굳힌다. 랩으로 덮어 냉장고에 넣어도 된다.

5 ••• 다음 날, 슈거파우더와 감자 전분을 섞는다. 머시멜로를 자를 때와 코팅할 때 쓸 가루로, 일부는 작업대에 뿌려놓는다.
몰드 안쪽으로 칼끝을 넣어 몰드를 따라 한 바퀴 훑어 달라붙어 있던 머시멜로를 떼어낸다. 머시멜로를 몰드에서 꺼내 작업대로 옮긴다. 칼을 뜨거운 물에 담갔다가 물기를 닦은 뒤 머시멜로를 잘라 나간다.
먼저 3cm 두께로 길게 잘라 띠 모양을 만든 뒤 반대 방향으로도 두께 3cm가 되게 자른다. 이렇게 하면 3×3cm 크기의 머시멜로가 나온다.
자른 머시멜로를 슈거파우더와 감자 전분 섞어놓은 것에 굴려 옷을 입힌다. 살짝 흔들어 여분의 가루를 털어낸다. 아무것도 덮지 말고 6시간 두어 말린다.

Caramels Mous au Chocolat
소프트 초콜릿 캐러멜

초콜릿(카카오 매스 70%) 120g
물 ⅓컵(75ml)
백설탕 1컵에서 1큰술 뺀 양(190g)
글루코스 시럽(옥수수 시럽) ⅓컵(140g)
헤비 크림(더블 크림) ¾컵과 1큰술(200ml)
버터 1 ½큰술(20g)

조리 도구
당과용 온도계
사각 링 몰드 또는 원형 타르트 링(1~2cm 두께)

I ••• 초콜릿을 도마 위에 놓고 칼로 잘게 다진다.
냄비에 물과 설탕을 넣어 끓인 뒤 글루코스 시럽을 넣어 중간 불에서 10~15분간 익힌다.
그동안 다른 냄비에 크림을 데워놓는다.

2 ••• 설탕이 황금 캐러멜색을 띠면 불에서 내려 버터를 넣고 잘 녹인다. 여기에 데워놓은 크림을 아주 조금씩 부어주면서 나무 주걱으로 계속 젓는다. 뜨거운 캐러멜이 거품을 내며 솟아올라 튈 수 있으니 주의하자.
이렇게 만든 캐러멜을 당과용 온도계로 재며 다시 115℃까지 끓이는데, 나무 주걱으로 계속 저어주어야 한다. 뜨거운 캐러멜을 다진 초콜릿에 부어 잘 저어 섞는다.

•••

3 •• 베이킹 시트에 유산지를 깔고 사각 링 몰드나 원형 타르트 링을 올린 뒤 캐러멜을 붓는다.

4 •• 4~6시간 식혀 굳힌다. 주사위 모양이나 직육면체로 자른 캐러멜을 셀로판지에 하나씩 싼다. 서늘하고 건조한 곳에 보관한다.

활용

소프트 밀크 초콜릿 캐러멜을 만들고 싶다면 캐러멜을 두 번째 익히는 과정에서 115℃ 대신 117℃까지 끓이면 된다.

소프트 바닐라 화이트 초콜릿 캐러멜로 만들고 싶다면 처음 끓일 때는 160℃로, 두 번째는 120℃로 맞출 것.

Truffes au Chocolat
초콜릿 트러플

버터 4 ½큰술(65g)
다크 초콜릿(카카오 매스 70%) 250g
헤비 크림(더블 크림) ⅔컵(150ml)
백설탕 1 ½큰술(20g)

설탕을 가미하지 않은 코코아파우더 1컵과 3큰술 (100g)

조리 도구
지름 10mm 깍지를 끼운 짜주머니

1 ··· 버터는 잘게 썬다. 내열 용기에 담아 물이 가볍게 끓고 있는 팬에 그릇째 넣어 중탕하거나 전자레인지에 돌려 크림 상태로 만든다. 절대로 녹아 흐르게 하면 안 된다. 불에서 내려 균질한 질감이 되도록 거품기로 좀 더 젓는다.

2 ··· 초콜릿은 도마 위에 놓고 잘게 다져 큰 볼에 담아놓는다.
냄비에 크림과 설탕을 넣어 끓인다. 이것을 초콜릿 위로 3회에 나눠 붓는다. 부을 때마다 나무 주걱으로 고루 저어 잘 녹인 뒤에 다시 붓기를 반복한다. 녹인 버터도 더해 균질한 질감으로 섞어 가나슈를 만든다.

3 ··· 가나슈를 베이킹 접시에 쏟아 랩으로 덮은 뒤 냉장고에 1시간 두어 완전히 식힌다. 꺼내어 실온에서 30분 동안 휴지하는데 이렇게 하면 더욱 매끄럽고도 탄력 있는 질감이 형성된다.

4 ··· 짜주머니에 가나슈를 넣는다. 베이킹 시트에 유산지를 깔고 그 위에 가나슈를 완자처럼 동그랗게 짠다. 베이킹 시트째 냉장고에 30분 넣어 굳힌다.
코코아파우더를 작은 볼이나 접시에 부은 뒤 초콜릿 트러플을 굴려 옷을 입힌다. 완성된 것은 밀폐 용기에 담아 냉장고에 보관한다.

LES PETITS BISCUITS

비스킷과 쿠키

Sablés Viennois
비엔나 사블레

버터 ½컵과 5 ½큰술(190g) + 베이킹 시트에 바를
버터 1 ½큰술
천일염 약간
슈거파우더 ⅔컵(75g) + 가장 가는 입자의 슈거파우더
약간(장식 용도)
바닐라파우더 약간(또는 바닐라 엑스트랙 약간)

달걀흰자 1개 분량
케이크용 밀가루 1 ¾컵(225g)

조리 도구
지름 4mm 별 모양 깍지를 끼운 짜주머니

1 ••• 버터는 잘게 썬다. 내열 용기에 버터와 소금을 담아 물이 가볍게 끓고 있는 팬에
넣고 약한 불에 중탕한다. 나무 주걱으로 눌러가며 크림 상태가 되면 불에서 내려 거
품기로 좀 더 저어 균질한 상태를 만든다.
다음 재료들을 차례로 더하는데, 하나씩 넣을 때마다 고루 잘 섞어준 뒤 다음 재료
로 넘어간다. 슈거파우더–바닐라파우더–달걀흰자 순으로 넣고 거품기로 잘 섞는다.

2 ••• 오븐을 150℃로 예열한다.
밀가루를 체에 내려 위의 반죽에 넣은 뒤 나무 주걱으로 고루 젓는다.

Chef's tip

사블레 비스킷은 밀
폐 용기에 담아 시
원하고 건조한 곳에
보관한다.

3 ••• 반죽을 곧바로 별 모양 깍지를 끼운 짜주머니에 옮겨 담는다. 베이킹 시트에 버터
를 바르거나 유산지를 깐 뒤 알파벳 Z를 연이어 그리듯 3×4cm 크기로 반죽을 짠다.
베이킹 시트를 오븐에 넣고 금빛이 돌 때까지 15~20분간 굽는다.
완전히 식힌 후 고운 슈거파우더를 흩뿌려 마무리한다.

Sablés Noix de Coco
코코넛 사블레

버터 1 ½컵(325g)
천일염 약간
슈거파우더 1 ¼컵(150g)
아몬드 간 것(아몬드가루) ¾컵(75g)
코코넛 간 것(코코넛가루) ½컵과 2큰술(75g)
달걀 1개

케이크용 밀가루 2 ⅔컵(325g) + 작업대에 뿌릴
케이크용 밀가루 2 ½큰술

조리 도구
밀대
원형 페이스트리 커터(작은 사블레용은 지름 4~5cm,
큰 사블레용은 지름 8~10cm)

I ••• 슈거파우더를 체친다.
버터는 잘게 썰어 큰 볼에 담고 잘 저어 고른 크림 상태로 풀어놓는다. 여기에 다음 재
료를 차례로 더하는데, 하나씩 넣을 때마다 고루 잘 섞어준 뒤 다음 재료로 넘어간다.
소금–체친 슈거파우더–아몬드 간 것–코코넛 간 것–달걀–밀가루 순으로 넣는다.
제과용 반죽기가 있다면 나뭇잎 모양을 닮은 혼합용 날을 끼워 반죽을 만들어도 좋
다. 재료들이 뭉쳐지며 하나의 덩어리를 이루는 느낌이 들 때까지 섞는다. 단 반죽을
너무 오래 치대지 않는다. 그래야 바사삭 부서지는 사블레다운 질감을 얻을 수 있다.

2 ••• 반죽을 둥글게 만들어 랩으로 싼다. 냉장고에 몇 시간 (최소 2시간) 넣어둔다. 가
능하면 12시간 정도 휴지할 수 있도록 하루 전에 반죽을 만들어놓자. 그래야 반죽
을 밀기가 쉽다.

•••

3 ••· 오븐을 160℃로 예열한다.
작업대에 밀가루를 뿌리고 밀대로 반죽을 2mm 두께로 민다.
페이스트리 커터를 이용해 가능한 한 많은 양이 나오게 알뜰히 잘라낸다.

4 ••· 베이킹 시트에 유산지를 깔고 그 위에 잘라낸 것을 줄 맞춰 올린다.
오븐에 넣어 금빛이 돌 때까지 15분 정도 굽는다. 완전히 식힌다.

Chef's tip
구워낸 사블레 비스킷은 밀폐 용기에 담아 시원하고 건조한 곳에 보관한다.

Langues de Chat
랑그 드 샤

버터 9큰술(125g)
슈거파우더 1 ⅓컵(160g)
바닐라 슈거 1봉지(또는 백설탕 2작은술 + 바닐라
엑스트랙 1작은술)

달걀흰자 2개 분량
케이크용 밀가루 1 ¼컵(160g)

조리 도구
지름 5mm 깍지를 끼운 짜주머니

I ••• 버터는 잘게 썬다. 물이 가볍게 끓고 있는 팬에 버터를 담은 내열 용기를 넣고 약한 불에 중탕한다. 나무 주걱으로 눌러가며 크림 상태가 되면 불에서 내려 거품기로 더 저어 균질한 상태를 만든다.
여기에 다음 재료를 차례로 더하는데, 하나씩 넣을 때마다 고루 잘 섞어준 뒤 다음 재료로 넘어간다. 슈거파우더–바닐라 슈거–달걀흰자 순으로 넣는다. 거품기로 젓는다.

2 ••• 밀가루를 체에 내려 위의 반죽에 더한 뒤 균질한 질감이 날 때까지 나무 주걱으로 섞는다.

3 ••• 오븐을 160℃로 예열한다.
반죽을 기본 깍지를 끼운 짜주머니에 옮겨 담는다. 베이킹 시트에 유산지를 깔고 반죽을 짜서 6cm의 긴 띠 모양을 만든다. 구워지면서 옆으로 퍼지므로 반죽을 짤 때 사이사이 간격을 주는 것을 잊지 말자.

•••

4 •• 베이킹 시트를 오븐에 넣고 금빛이 돌 때까지 12분 동안 굽는다.
실온에서 베이킹 시트째 식힌 뒤 스테인리스 스패츌러로 떼어낸다.
완전히 식으면 밀폐 용기에 담아 보관한다.

활용

구워낸 랑그 드 샤(역주: 고양이 혀 모양을 닮았다 하여 붙여진 이름)에 초콜릿 옷을 입혀보자. 다크 초콜릿, 밀크 초콜릿, 화이트 초콜릿 또는 식용색소로 색을 낸 화이트 초콜릿에 찍어 유산지 위에서 건조하면 된다.

초콜릿을 녹여 템퍼링하는 작업은 어느 정도 기술을 요하는데, 여기서는 간단한 방법을 소개하려 한다. 초콜릿은 도마 위에 놓고 칼로 다진다. 물이 가볍게 끓고 있는 팬에 초콜릿을 담은 내열 용기를 넣고 중탕으로 녹인다. 이렇게 녹인 초콜릿 중 ¾을 물기 없는 깨끗한 작업대 위에 붓는다. 스테인리스 오프셋 스패츌러로 작업대에 초콜릿을 넓게 펼친다. 펼친 것을 모았다가 다시 펼치기를 반복하는데, 초콜릿이 되직해지며 두꺼워지기 시작할 때까지 반복한다. 이것을 녹인 초콜릿 ¼이 남아 있는 용기에 옮긴 뒤 균질한 질감이 나도록 잘 섞는다. 이 마지막 작업은 30~31℃에서 이뤄져야 한다. 온도가 이보다 너무 높거나 낮으면 초콜릿에 하얀 얼룩이 생기고 윤기도 나지 않기 때문이다. 오븐에서 구운 랑그 드 샤 한쪽 끝을 템퍼링 마친 초콜릿에 찍어 굳힌다. 밀폐 용기에 담아 보관한다

Chef's tip
초콜릿을 입히지 않은 플레인 랑그 드 샤에 곁들이기에는 초콜릿 무스나 과일 샐러드가 제격이다.

Rochers Noix de Coco
코코넛 로셰

지방을 빼지 않은 전유(全乳) ⅓컵과 1큰술(100ml)
백설탕 1컵과 2큰술(225g)
코코넛 간 것(코코넛가루) 1 ¾컵과 2큰술(275g)
케이크용 밀가루 1 ½큰술(20g)

달걀 4개

조리 도구
지름 14mm 깍지를 끼운 짜주머니

I ••• 반죽은 하루 전에 만들어둔다.
냄비에 우유를 넣고 데운다. 이때 끓지 않게 주의한다. 불에서 내려 설탕과 코코넛
간 것을 넣고 뚜껑을 닫아 1시간 동안 둔다. 식는 동안 코코넛가루가 우유를 어느 정
도 빨아들일 것이다.

2 ••• 고무 스패출러를 이용해 밀가루와 달걀을 코코넛 우려낸 우유에 넣는다.
냉장고에 최소 12시간 이상 두어 코코넛이 수분을 완전히 흡수하도록 한다.

3 ••• 전날 만든 반죽을 준비한다. 오븐을 180℃로 예열한다.
기본 깍지를 끼운 짜주머니에 반죽을 옮겨 담는다. 베이킹 시트 위에 유산지를 깔고
반죽을 소량씩 짠다. 숟가락으로도 간단히 만들 수 있는데, 우선 숟가락에 물을 묻혀
반죽을 원하는 양만큼 뜬 뒤 베이킹 시트에 대고 검지로 밀어 옮긴 뒤 네 손가락에 물
을 묻혀 집듯이 살짝 누르면 로셰(작은 바위) 모양이 된다.

4 ••• 베이킹 시트를 오븐에 넣고 금빛이 날 때까지 15분간 굽는다.
완전히 식혀 밀폐 용기에 보관한다.

30개　준비 시간: 20분　조리 시간: 12~15분

Abricotines
살구잼 쿠키

슈거파우더 1 ⅓컵과 1큰술(170g) + 장식용으로 마지막에 뿌릴 슈거파우더 ¼컵(30g)
아몬드 간 것(아몬드가루) 2 ¼컵(215g)
케이크용 밀가루 ¼컵(35g)
달걀흰자 6개 분량
바닐라 엑스트랙 1작은술
백설탕 3큰술(40g)
살짝 데치거나 불려 껍질을 벗긴 아몬드 슬라이스 ¾컵과 2큰술(85g)
살구 잼 1컵(300g)

조리 도구
지름 10mm 깍지를 끼운 짜주머니

1 ••· 슈거파우더는 큰 볼에 체친다. 여기에 아몬드 간 것과 밀가루를 넣는다. 물기 없고 깨끗한 큰 볼을 하나 더 준비해 달걀흰자를 거품 낸다. 색이 하얗게 되면서 거품이 올라오면 바닐라 엑스트랙과 백설탕을 더해 거품기로 계속 저어 탄력 있는 거품을 만든다.

2 ••· 고무 스패출러로 슈거파우더, 아몬드 간 것, 밀가루 섞어 놓은 것을 거품 낸 흰자에 살살 섞는다. 볼을 조금씩 돌려가며 스패출러가 볼 가운데로 파고들어 볼 옆면을 타고 끌어올린 것을 가운데로 덮어주는 식으로 고르게 섞어 나간다. 균질하고 부드러운 질감이 될 때까지 반복한다.

••·

3 ••· 오븐을 180℃로 예열한다.

기본 깍지를 끼운 짜주머니에 반죽을 옮겨 담는다. 베이킹 시트에 유산지를 깔고 반죽을 지름 2cm 작은 원반 모양으로 짠다. 그 위에 아몬드 슬라이스를 뿌린다. 오븐 온도를 170℃로 낮추고 12~15분간 굽는다. 꺼내 완전히 식힌 뒤 슈거파우더를 살짝 뿌린다.

4 ••· 구운 쿠키의 반을 뒤집어 놓는다. 뒤집은 쿠키에 살구잼을 바르고 나머지로 뚜껑을 덮어 완성한다.

Chef's tip

구워낸 살구잼 쿠키는 밀폐 용기에 담아 냉장고에 최소 12시간 이상 두었다 먹는다. 살구잼 대신 라즈베리잼을 넣어 라즈베리잼 쿠키를 만들 수도 있다.

Biscuits à la Cuillère
레이디 핑거

다목적 밀가루 ½컵(60g)
감자 전분 ⅓컵(60g)
달걀 5개
백설탕 ½컵과 2큰술(125g)
슈거파우더 ¼컵(30g)

조리 도구
지름 10mm 깍지를 끼운 짜주머니

1 ••• 밀가루와 감자 전분을 체친다.
달걀노른자와 흰자를 분리한다.

2 ••• 큰 볼에 달걀노른자와 설탕의 반을 넣고 색이 연해질 때까지 거품기로 잘 젓는다. 큰 볼과 깨끗한 거품기를 하나 더 준비해 달걀흰자를 거품 낸다. 색이 하얗게 되면서 거품이 올라오면 남은 설탕을 더해 거품기로 계속 저어 탄력 있는 거품을 만든다.

3 ••• 곧바로 달걀노른자와 설탕 섞어둔 것을 고무 스패출러로 흰자 거품에 조심스레 섞는다. 그 위로 체에 내린 밀가루와 전분을 뿌린 뒤 볼을 조금씩 돌려가며 스패출러가 볼 가운데로 파고들어 볼 옆면을 타고 끌어올린 것을 가운데로 덮어주는 식으로 고르게 섞어 나간다. 균질하고 부드러운 질감이 될 때까지 반복한다.

•••

4 ••· 기본 깍지를 끼운 짜주머니에 반죽을 옮겨 담는다. 베이킹 시트에 유산지를 깔고
반죽을 6×2cm 크기로 짠다. 오븐을 170℃로 예열한다.

5 ••· 슈거파우더 절반을 고운 체에 밭쳐 준비해놓은 반죽 위에 흩뿌린다. 그대로 10분
간 두었다가 다시 한 번 남은 슈거파우더를 뿌린다. 곧바로 오븐에 넣어 금빛이 돌
때까지 15분간 굽는다.
오븐에서 꺼내 식힌다.

Meringues
머랭

슈거파우더 1컵(120g)
달걀흰자 4개 분량
백설탕 ½컵과 2큰술(120g)

조리 도구
거품 기능 날을 장착한 전기 믹서
지름 10mm 별 모양 깍지를 끼운 짜주머니

1 •• 오븐을 100℃로 예열한다.
슈거파우더는 체에 내린다.

2 •• 물기 없는 깨끗한 볼에 달걀흰자를 담고 전기 믹서로 휘핑해 거품을 낸다. 믹서
가 계속 돌아가면서 거품이 충분히 올라오면 백설탕 3큰술(40g)을 재빨리 더하고 탄
력 있는 거품이 될 때까지 계속 휘핑한다. 백설탕 3큰술(40g)을 더 넣고 1분간 더 돌
린다. 믹서에서 내려 고무 스패출러로 체에 내린 슈거파우더를 더해 살살 접듯이 섞
는다.

Chef's tip
머랭에 슈거파우더
를 뿌려 장식하고
아이스크림이나
소르베와 함께
곁들여 먹자.

3 •• 짜주머니에 머랭 반죽을 담아 베이킹 시트에 유산지를 깔고 트위스트 모양으로
짠다. 구워지면서 옆으로 퍼지므로 반죽을 짤 때 사이사이 간격 주는 것을 잊지 말자.
짜주머니와 깍지가 없다면 숟가락을 이용하자. 뜨거운 물에 적신 숟가락 2개를 사용
해 머랭을 떠서 이쪽저쪽 옮겨가며 커넬(3면을 가진 타원형)을 만들면 된다.

4 •• 베이킹 시트를 오븐에 넣고 2시간 30분 정도 구워낸다. 머랭을 구울 때는 천천히
익히면서 서서히 마르게 하는 것이 중요하다. 너무 빨리 색깔이 짙어지진 않는지 옆
에서 지켜보며 익힌다. 완전히 식힌 뒤 밀폐 용기에 담아 보관한다.

Tuiles aux Amandes
아몬드 튈

케이크용 밀가루 ⅔컵(80g)
슈거파우더 2컵과 1큰술(250g)
달걀 1개 + 달걀흰자 5개 분량
바닐라 엑스트랙 1작은술
버터 7큰술(100g) + 베이킹 시트에 바를 버터 1 ½큰술

살짝 데치거나 불려 껍질을 벗긴 아몬드 슬라이스
2 ¾컵(250g)

조리 도구
튈 몰드 또는 밀대

I ••• 밀가루와 슈거파우더는 큰 볼에 함께 체친다.
여기에 나무 주걱으로 달걀, 달걀흰자, 바닐라 엑스트랙을 조심스럽게 더해 섞는다.
작은 냄비(또는 전자레인지)에 버터를 녹여 위의 반죽에 부어 섞는다.
아몬드 슬라이스를 반죽에 넣고 고무 스패츌러로 조심스레 뒤적인다. 지나치게 섞으
면 아몬드가 깨지므로 주의한다.

2 ••• 오븐을 180℃로 예열한다.
베이킹 시트에 버터를 바른다. 물 묻힌 숟가락으로 적당량의 반죽을 떠 베이킹 시트
에 대고 검지로 밀어 옮긴다. 사이사이에 충분한 간격을 두면서 남은 반죽을 같은 방
법으로 시트에 모두 옮긴다.
포크에 찬물을 묻혀 각각의 반죽을 살살 누르면서 고른 두께의 원 모양으로 펼친다.

•••

3 **⋯** 튈 몰드가 없을 때는 밀대의 곡선을 이용해 튈을 구부려주면 된다. 밀대를 사용하는 경우라면 밀대에 식용유를 약간 바른 뒤 굴러가지 않게 행주 위에 자리 잡아 놓는다.
반죽을 원 모양으로 펼쳐놓은 베이킹 시트를 오븐에 넣어 5분 정도 굽는다. 굽는 동안 오븐 곁에서 지켜보고 있다가 튈 가장자리가 금빛이 되는 순간 바로 오븐에서 꺼낸다(구울 때 가장 먼저 색이 나는 부분이 가장자리다).

4 **⋯** 튈이 뜨거울 때 스테인리스 스패출러로 들어올려 튈 몰드 또는 밀대 위로 옮긴다. 살짝 눌러주어 모양을 잡아준다. 하나씩 모양을 잡을 때마다 곧바로 식힘망에 옮겨 식힌다. 구워낸 튈은 작은 압력에도 바스라지기 쉬우므로 조심해 다루도록 한다. 모양을 잡기도 전에 베이킹 시트 위에서 이미 튈이 굳어버렸다면 오븐에 1분만 넣어 다시 부드럽게 만든 뒤 모양을 잡아주면 된다.

5 **⋯** 완전히 식혀 밀폐 용기에 담아 보관한다.

활용

튈이 식으면 바로 템퍼링한 다크 초콜릿이나 밀크 초콜릿을 입혀 변형을 줄 수 있다. 초콜릿을 녹여 템퍼링하는 작업은 어느 정도 기술을 요하는데, 여기서는 간단한 방법을 소개하려 한다. 초콜릿을 도마에 놓고 칼로 다진다. 물이 가볍게 끓고 있는 팬에 초콜릿을 담은 내열 용기를 넣고 중탕으로 녹인다. 이렇게 녹인 초콜릿 중 ¾을 물기 없는 깨끗한 작업대 위에 붓는다. 초콜릿은 스테인리스 오프셋 스패출러로 작업대에 넓게 펼친다. 펼친 것을 모았다가 다시 펼치기를 반복하는데, 초콜릿이 되직해지며 두꺼워지기 시작할 때까지 반복한다. 이것을 녹인 초콜릿 ¼이 남아 있는 용기에 옮긴 뒤 균질한 질감이 나도록 잘 섞는다. 이 마지막 작업은 30~31℃에서 이뤄져야 한다. 온도가 이보다 너무 높거나 낮으면 초콜릿에 하얀 얼룩이 생기고 윤기도 나지 않기 때문이다. 템퍼링한 초콜릿으로 옷을 입힌 튈은 초콜릿이 굳는 대로 밀폐 용기에 담아 보관한다.

LES BOISSONS
음료

Chocolat Chaud
핫 초콜릿

지방을 빼지 않은 차가운 전유(全乳) 1L
물 ⅔컵(150ml)
백설탕 ½컵(100g)

비터 초콜릿(카카오매스 67%) 185g
비터 초콜릿(카카오매스 80% 이상 함유) 50g

1 ••• 냄비에 우유, 물, 설탕을 넣고 끓인다. 초콜릿은 잘게 다져놓는다.

2 ••• 냄비를 불에서 내린 뒤 다진 초콜릿을 넣고 잘 섞는다. 뜨거운 초콜릿 혼합물을 핸드 블렌더로 냄비에서 바로 섞거나 또는 블렌더로 내용물을 옮겨 고루 섞일 때까지 돌려준다.

Chef's tip

되직한 핫 초콜릿을 선호한다면 우유에 다진 초콜릿을 넣은 다음, 냄비를 다시 약한 불에 올려 가볍게 끓인다. 거품기로 계속 저어 냄비에 눌어붙지 않게 한다. 불에서 내린 뒤 블렌더로 섞는 과정부터는 위와 같다.

반대로, 핫 초콜릿이 너무 되직한 경우 뜨겁게 데운 우유를 조금만 부어 묽게 해주면 된다. 핫 초콜릿은 한 번 만들어두면 냉장고에서 이틀은 충분히 두고 먹을 수 있다. 단 밀폐 용기에 담아 냉장 보관하자. 마실 때 냉장고에서 꺼내 내열 용기에 담고 중탕으로 데운다. 차게도 즐길 수 있는데, 만들어놓은 핫 초콜릿에 차가운 우유 300ml를 부어 잘 섞어주면 완성.

Café Viennois
비엔나 커피

롱 더블 에스프레소(에스프레소 투 샷에 물을 탄 것) 1컵
샹티이 크림 3큰술(25g): 기본 레시피 페이지 참조

I ••• 샹티이 크림은 미리 만들어 냉장고에 넣어둔다.

2 ••• 큼직한 컵에 커피를 만들어놓는다.
숟가락이나 짜주머니(지름 14mm의 별 모양 깍지를 끼운)에 샹티이 크림을 담아 커피 위
에 꽃 모양으로 보기 좋게 짠다. 곧바로 마신다.

Chef's tip
일반적으로 비엔나 커피라고 부르는 것은 좀 더 연하게 내린 커피에 달지 않은 휘핑크림
을 올린 것을 말한다.

Café Blanc aux Trois Agrumes
트리플 시트러스 티

레몬(껍질의 왁스를 제거한 것) 1개
라임(껍질의 왁스를 제거한 것) 1개
오렌지(껍질의 왁스를 제거한 것) 1개
물 2컵(450ml)
오렌지 플라워 워터 2큰술(30g)

조리 도구
강판
빈 티백

I ••• 강판을 이용해 3가지 시트러스(레몬, 라임, 오렌지)의 제스트를 만든다. 색깔 있는
껍질 부분만 사용하고, 안쪽의 흰 부분은 쓸쓸한 맛이 나니 들어가지 않게 주의한다.

2 ••• 각 제스트를 동일한 양씩 덜어 섞는다.
숟가락으로 티백에 채워넣는다.

3 ••• 물을 가볍게 끓여 뚜껑 있는 찻주전자에 붓는다. 오렌지 플라워 워터를 주전자에
넣고 티백을 넣는다. 뚜껑을 닫아 5분간 우린 뒤에 마신다.

Milkshake
밀크셰이크

바닐라 아이스크림 2스쿱
지방을 빼지 않은 차가운 전유(全乳) 1/2컵(120ml)

조리 도구
블렌더
아이스커피를 담는 유리잔

I ··· 아이스크림은 10분 전에 냉동실에서 꺼내 부드러워지게 둔다.

2 ··· 아이스크림을 2스쿱 떠서 블렌더에 넣고 차가운 우유를 붓는다. 블렌더를 작동
시켜 부드러운 상태로 만든다.
준비한 유리잔에 부어 곧바로 마신다.

활용
바닐라 아이스크림 대신 커피, 초콜릿, 캐러멜 등 다른 맛의 아이스크림을 써서 변화
를 줄 수 있다.
과일 밀크셰이크를 만들고 싶다면 50g의 과일(딸기 등)을 우유, 아이스크림과 함께 블
렌더에 갈아주면 된다.

Chef's tip
블렌더가 없다면 핸드 블렌더로 대신해도 상관없다.

LES RECETTES DE BASE

기본 레시피

Pâte Sucrée aux Amandes
스위트 아몬드 페이스트리

아주 차가운 버터 ½컵(120g)
슈거파우더 ½컵과 1큰술(70g)
아몬드 간 것(아몬드가루) ¼컵(25g)
천일염 약간

바닐라파우더 약간(또는 바닐라 엑스트랙 약간)_취향
에 따라 선택
달걀 1개
케이크용 밀가루 1 ⅔컵(200g)

I ··· 슈거파우더는 체에 내린다. 버터는 잘게 썰어 볼에 담아둔다(제과용 반죽기가 있
다면 반죽기에 딸린 볼에 버터를 넣고 나뭇잎 모양을 닮은 혼합용 날을 끼우자). 버터를 저어
균질한 상태로 만든 뒤 다음 재료들을 차례로 더하는데, 하나씩 넣을 때마다 고루
섞어준 뒤 다음 재료로 넘어간다. 체에 내린 슈거파우더-아몬드 간 것-천일염-바
닐라-달걀-밀가루 순으로 넣어준다. 재료들이 뭉쳐지며 하나의 덩어리를 이루는 느
낌이 들 때까지 섞는다. 지나친 반죽은 피하자. 그래야 바사삭 부서지는 특유의 질
감을 얻을 수 있다.

2 ··· 반죽을 둥글게 만들어 랩으로 싼다. 냉장고에 최소 2시간 넣어두는데, 12시간
정도 휴지할 수 있도록 하루 전에 반죽을 만들어놓자. 그래야 반죽을 밀기가 쉽다.

Chef's tip

위의 레시피대로 하면 450g의 도우가 나온다. 양을 줄이면 달걀과 나머지 재료 간의 비율
이 달라지면서 페이스트리의 질감에 민감하게 영향을 끼치므로, 450g을 한 번에 다 사용
하지 않는다 해도 위의 재료 분량 그대로 지켜 만들기를 권한다. 쓰고 남는 반죽은 밀가루
를 조금만 뿌려 2mm 두께로 밀어 3×3cm 또는 2×4cm 크기로 잘라 한입 크기 비스킷을
만들 수 있고, 덩어리째 냉장고에 보관하면 최대 5일은 두고 사용할 수 있다.

Pâte Brisée
쇼트크러스트 페이스트리(타르트의 기본 반죽)

케이크용 밀가루 2컵(250g)
아주 차가운 버터 9큰술(125g)
천일염 약간
물 4큰술
달걀노른자 2개 분량

1 ··· 밀가루를 체에 내려 큰 볼에 담는다. 차가운 버터를 잘게 잘라 볼에 넣고 천일염을 더한다. 손바닥을 마주 보고 비벼가며 섞어주는데 모래 같은 느낌이 들 때까지 섞는다.

2 ··· 모래 느낌의 반죽에 달걀노른자와 물을 넣고 균질한 느낌으로 잘 뭉쳐질 때까지 섞는다. 너무 오래 치대지는 않도록 한다(제과용 반죽기가 있다면 나뭇잎 모양을 닮은 혼합용 날을 끼워 반죽을 만들어도 상관없다).

3 ··· 반죽을 둥글게 뭉쳐 랩으로 씌운다. 사용하기 전 냉장고에 최소 1시간 정도 넣어둔다. 하루 전에 반죽을 만들어두면 밀대로 밀기가 한결 쉬울 것이다.

Pâte Feuilletée
퍼프 페이스트리

천일염 2 ½작은술(10g)
물 1컵(250ml)
버터 5큰술(75g) + 아주 차가운 버터 1 ½컵과 4큰술(400g)
케이크용 밀가루 4컵(500g)

I ••• 실온의 물에 천일염을 녹인다.
작은 냄비를 약한 불에 올려 버터 5큰술(75g)을 녹인다.
큰 볼에 밀가루를 붓고 소금 녹인 물을 섞은 뒤 녹인 버터를 더한다. 손가락 끝을 사용해 섞는다. 도우가 균질한 질감이 들면서 하나로 잘 뭉쳐질 때까지 섞는데 지나친 반죽은 피한다.

2 ••• 반죽(데트랑프détrempe라 부름)을 모아 깨끗한 작업대에 올려놓고 15×15cm 크기의 정사각형을 만든다. 랩으로 싸서 냉장고에 1시간 두어 굳힌다.

3 ••• 차가운 버터 1 ½컵과 4큰술(400g)을 유산지 위에 놓는다. 밀대로 눌러가며 버터를 부드럽게 한다. 유산지 모서리를 들어 버터를 접어가며 눌러주어 반죽하고 무른 정도가 같게 맞춘다. 버터도 15×15cm 크기의 정사각형 덩어리(베라주beurrage라 부름)로 만든다. 반죽과 버터의 무르기가 같아야 하므로, 필요하면 반죽을 실온에 두어 부드럽게 하거나 또는 버터를 차게 두어 좀 더 굳혀 조절한다.

반죽(détrempe)을 밀어 30×30cm 크기의 정사각형을 만든 뒤 중앙에 대각선 방향으로
15×15cm의 버터 덩어리(beurrage)를 올린다. 반죽의 모서리 네 곳을 중앙으로 접어
버터가 보이지 않게 완전히 감싼다.

4 ••• 이것을 다시 밀대로 밀어 길이 60cm의 직사각형으로 만든 뒤, 편지지 접듯 3등
분해 양쪽을 마주 보고 2번 접고 오므리듯 한 번 더 접는다. 이렇게 접은 덩어리(파통
pâton이라 부름)를 90도 돌린 뒤 다시 길이 60cm가 나오게 민 뒤 다시 3등분해 접는다.
3등분해 접을 때마다 도우를 90도씩 돌려준다. 이렇게 90도 돌리는 것을 전부 6회 반
복하는데, 2번 돌려 접을 때마다 냉장고에 2시간씩 휴지한다.

5 ••• 6번째 돌려 민 뒤 3등분해 접었으면 도우를 냉장고에서 2시간 이상 휴지한다. 가
능하면 하룻밤 두면 제일 좋다. 사용 직전까지 냉장고에 보관한다.

Pâte Feuilletée Caramélisée
캐러멜화한 퍼프 페이스트리

퍼프 페이스트리 1kg: p.360 기본 레시피 참조
베이킹 시트에 뿌릴 버터 1 ½큰술
다목적 밀가루 ⅓컵(50g)
슈거파우더 1 ¼컵(150g)

Chef's tip
처음 오븐에 구운
뒤 두 번째 굽기를
기다리는 사이에 페
이스트리를 완전히
식히는 것이 중요하
다. 그렇지 않으면
설탕이 캐러멜화되
는 2~3분 동안, 설
탕 아래쪽의 페이스
트리도 다시 한 번
구워지면서 색이 너
무 짙어질 위험이
있기 때문이다.

1 ••• 베이킹 시트에 버터를 바르고 그 위로 유산지를 올린다. 유산지를 골고루 눌러주어 시트에 잘 달라붙게 한다.

2 ••• 오븐을 165℃로 예열한다.
밀가루를 뿌린 작업대에 퍼프 페이스트리 도우를 펼친다. 2mm 두께를 넘지 않도록 그리고 베이킹 시트 같은 모양이 되도록 편평하게 민다. 이것을 아까 유산지를 붙여둔 베이킹 시트에 올린 뒤 다른 유산지로 덮어준다. 식힘망이나 베이킹 시트를 그 위에 놓아 굽는 동안 페이스트리가 너무 부풀어 오르는 것을 막는다.

3 ••• 옅은 금빛이 돌며 골고루 구워질 때까지 오븐에서 25~30분간 굽는다. 꺼내 완전히 식힌다.

4 ••• 오븐을 240℃로 예열한다. 구운 페이스트리에 슈거파우더를 아주 얇은 층으로 고루 뿌린다. 오븐에서 2~3분만 구워내는데, 굽는 시간이 매우 짧으니 오븐 곁에서 지켜보다가 슈거파우더가 녹기 시작하면 얼른 오븐에서 꺼내도록 한다.

Pâte Sablée Croustillante à Crumble
바삭한 사블레 페이스트리 크럼블

아주 차가운 버터 3 ½큰술(50g)
다목적 밀가루 ⅓컵(50g) + 작업대에 뿌릴 다목적
밀가루 2 ½큰술

백설탕 ¼컵(50g)
아몬드 간 것(아몬드가루) ½컵(50g)
소금 약간

I ⋯ 차가운 버터를 잘게 자른다. 밀가루를 큰 볼에 체치고 버터, 설탕, 아몬드 간 것, 소금을 더한다. 손바닥을 마주 보고 비벼 섞는데, 재료들이 하나로 덩어리질 때까지 비벼준다.

2 ⋯ 도우를 동그랗게 뭉쳐 랩으로 싼다. 사용 전까지 냉장고에 최소 1시간 이상 넣어둔다.

3 ⋯ 작업대에 밀가루를 뿌리고 도우를 5mm 두께로 민다. 1×1cm로 잘라 냉장고에 20분 두어 굳힌다.

Chef's tip

도우를 하루 전에 만들어 두었다가 (과정 1과 2) 다음 날 밀어 구우면 작업이 좀 더 손쉽다.

4 ⋯ 오븐을 150℃로 예열한다.
베이킹 시트에 유산지를 깔고 자른 도우 조각들을 올린다. 서로 달라붙은 게 없나 확인하고 사이사이 간격 주는 것을 잊지 말자.
오븐에 넣어 금빛이 날 때까지 15~20분 굽는다.
완전히 식혀 밀폐 용기에 보관한다.

Pâte à Choux
슈 페이스트리(슈크림 도우)

케이크용 밀가루 1컵에서 ½큰술 뺀 양(120g)

지방을 빼지 않은 전유(全乳) ½컵에서 1큰술 뺀 양
(100ml)

물 ½컵에서 1큰술 뺀 양(100ml)

백설탕 1큰술(10g)

소금 약간

버터 5 ½큰술(80g)

달걀 4개

1 ••• 밀가루를 체에 내린다. 냄비에 우유, 물, 설탕, 소금, 버터를 넣어 끓인다. 불에서
내린 뒤 체에 밭친 밀가루를 더해 고무 스패출러로 힘껏 저어 균질한 상태를 만든다.
냄비를 다시 약한 불에 올리고 1분 동안 힘차게 저어주면서 반죽에서 수분을 날린다.
덩어리로 뭉쳐지면서 냄비에 눌어붙지 않을 때까지 계속 젓는다.

2 ••• 반죽을 큰 볼에 옮겨 식힌다. 여기에 달걀을 한 번에 하나씩 넣는데, 고무 스패출
러를 이용해 하나씩 넣으면서 살살 섞는다.

3 ••• 균질한 상태가 되면 원하는 형태(슈크림, 에클레르, 살랑보 등)로 짜서 사용한다.

Pâte à Brioche
브리오슈 도우

케이크용 밀가루 2 ¼컵(280g)
백설탕 3큰술(40g)
소금 1작은술(5g)

생 이스트 10g
달걀 4개
버터 12 ½큰술(180g)

1 ••· 큰 볼에 밀가루를 체친다. 설탕과 소금은 밀가루 한쪽으로 두고, 손으로 잘게 부순 생 이스트는 설탕과 소금 반대편에 둔다. 반죽 전에 이스트가 설탕과 소금에 닿으면 각각 제기능을 발휘하지 못한다.

2 ••· 버터는 잘게 자른다.
볼에 달걀을 푼다. 그중 ⅔를 밀가루 위에 부은 뒤 나무 주걱으로 저어가며 모든 재료들을 잘 섞는다. 남은 달걀 ⅓을 조금씩 나눠 넣어가며 섞는다. 손으로 반죽을 시작해 볼에 눌어붙지 않을 때까지 반죽한다. 버터를 더해 손으로 다시 치대는데, 아까와 마찬가지로 반죽이 볼에 눌어붙지 않고 떨어질 때까지 반죽한다.

3 ••· 도우를 깨끗한 큰 볼에 옮긴 뒤 젖은 행주나 랩으로 덮어 실온에 둔다. 도우가 2배로 부풀어 오를 때까지 기다린다(약 2시간 30분 소요).
반죽을 안쪽으로 접어 눌러가며 기포를 빼 처음 부피로 되돌린다.

4 ••• 냉장고에 도우를 2시간 30분 넣어둔다. 찬 온도에서도 한 번 더 부풀어 오를 것이
다. 꺼내어 반죽을 접어가며 기포를 뺀다. 이렇게 하면 도우 준비는 끝.

Chef's tip

제과용 반죽기가 있다면 도우 후크(역주: 빵 반죽처럼 강도와 점도가 있는 반죽을 휘저어 섞을 때
사용하는 도구)를 끼워 위의 도우를 만들어도 좋다.
위 레시피대로 만든 도우로는 60g짜리 브리오슈 12개, 50g짜리 브리오슈 14개, 30g짜리
미니 브리오슈 24개가 나온다.

Crème Pâtissière
페이스트리 크림

바닐라빈 1개
지방을 빼지 않은 전유(全乳) 1 ⅔컵(400ml)
달걀노른자 4개 분량

백설탕 ½컵에서 1큰술 뺀 양(80g)
옥수수 전분(옥수수가루) ¼컵(30g)
버터 2큰술(25g)

Chef's tip

우유를 끓일 때 자칫하면 넘쳐 오르므로 곁에서 지켜보며 끓여야 한다. 바닐라를 우릴 때는 뚜껑을 빈틈없이 잘 닫아두어야 수분이 날아가는 것을 막을 수 있다. 위의 2가지를 잘 지키지 않으면 크림이 너무 건조해져 페이스트리 크림을 망칠 수 있다.

1 ••• 날카로운 칼로 바닐라빈을 길게 가른 뒤 칼끝으로 빈 안쪽을 긁어내 바닐라 씨를 얻는다. 냄비에 우유를 붓고 바닐라빈 꼬투리와 바닐라 씨를 넣어 약한 불에 끓인다. 불에서 내려 곧바로 뚜껑을 덮어 15분간 더 우려낸다.

2 ••• 큰 볼에 달걀노른자와 설탕을 넣고 색이 옅어질 때까지 거품기로 잘 젓는다. 옥수수 전분을 더한다.
우유 냄비에서 바닐라빈 꼬투리를 골라낸 뒤 다시 약한 불에 올려 끓인다. 냄비 속 뜨거운 우유 중 ⅓을 달걀노른자와 설탕과 옥수수 전분 섞어둔 볼에 부어 거품기로 잘 젓는다. 이번에는 이 섞인 반죽을 거꾸로, 우유가 남아 있는 냄비에 붓는다. 냄비를 다시 불에 올려 거품기로 계속 저어가며 끓인다. 눌어붙지 않도록 냄비 안쪽에 달라붙는 것을 고무 스패츌러로 잘 긁어내려가며 끓인다.

3 ••• 불에서 내려 깨끗한 볼에 옮겨 담고 10분 정도 식힌다. 델 정도는 아니지만 여전히 뜨거운 정도로 식었을 때 버터를 넣어 섞는다. 사용 직전까지 랩으로 덮어둔다.

Crème d'Amandes
아몬드 크림

버터 7큰술(100g)
슈거파우더 ¾컵(100g)
아몬드 간 것(아몬드가루) 1컵(100g)

옥수수 전분(옥수수가루) 1큰술(10g)
달걀 2개
럼 1큰술

1 ·· 버터는 잘게 썬다. 물이 가볍게 끓고 있는 팬에 버터를 담은 내열 용기를 넣고 약한 불에 중탕하거나 전자레인지에 돌려 크림 상태로 만든다. 녹아 흐를 정도로 만들면 안 된다.

2 ·· 다음 재료들을 차례로 더하는데, 하나씩 넣을 때마다 고루 잘 섞어준 뒤 다음 재료로 넘어간다. 슈거파우더–아몬드 간 것–옥수수 전분–달걀–럼 순으로 넣고 잘 섞는다.

Chef's tip
아몬드 크림은 사용 직전에 만들어야 가장 부드러운 질감을 낼 수 있다.

Crème Chantilly
샹티이 크림

아주 차가운 헤비 크림(더블 크림) 1 ¼컵(300ml)
슈거파우더 3큰술(25g)

I •• 헤비 크림은 사용 직전까지 냉장고에 둔다. 휘핑을 위해서는 아주 차가운 온도
여야 한다.

2 •• 큰 믹싱 볼을 냉동실에 넣어 차게 한다.

3 •• 볼을 꺼내 차가운 헤비 크림을 붓고 힘차게 젓는다. 되직한 상태가 되면 슈거파
우더를 넣고 계속 저어 단단하고 탄력 있는 상태로 만든다.

Crème Anglaise
크렘 앙글레즈

바닐라빈 2개
지방을 빼지 않은 전유(全乳) 1컵과 1큰술(250ml)
헤비 크림(더블 크림) 1컵과 1큰술(250ml)

달걀노른자 6개 분량
백설탕 ½컵(100g)

1 ••• 날카로운 칼로 바닐라빈을 길게 가른 뒤 칼끝으로 빈 안쪽을 긁어내 바닐라 씨를 얻는다. 냄비에 우유와 크림를 붓고 바닐라빈 꼬투리와 바닐라 씨를 넣어 약한 불에 끓인다. 불에서 내려 곧바로 뚜껑을 덮어 15분간 더 우려낸다.

2 ••• 큰 볼에 달걀노른자와 설탕을 넣고 색이 옅어질 때까지 거품기로 잘 젓는다. 냄비에서 바닐라빈 꼬투리를 골라낸 뒤 다시 약한 불에 올려 끓인다. 냄비 속 뜨거운 우유 혼합물 중 ⅓을 달걀노른자와 설탕을 섞어둔 볼에 부어 거품기로 젓는다. 이번에는 이 섞인 반죽을 거꾸로 냄비에 붓는다.

3 ••• 냄비를 약한 불에 다시 올려 나무 주걱으로 계속 저어가며 되직해질 때까지 끓인다. 손가락으로 주걱 뒷면에 묻은 크림을 갈라 보아 자국이 그대로 남아 있으면 알맞은 점도다. 이때 커스터드 크림을 절대로 센 불에서 끓이면 안 되니 주의할 것(최고 온도 85℃ 이하에서 조리해야 한다).

•••

4 •• 커스터드 크림의 농도가 적당해지면 불에서 내려 큰 볼에 얼른 옮겨 더 이상 익지 않게 한다. 5분 정도 계속 저어 커스터드 크림을 부드러운 상태로 유지해준다. 완전히 식힌 후 차갑게 사용할 수 있도록 냉장고에 보관한다.

Chef's tip

커스터드 크림은 조금만 오래 익혀도 쉽게 덩어리가 생긴다. 이것은 달걀노른자가 분리되며 나타나는 현상으로, 만약 덩어리지는 게 보인다면 블렌더나 푸드 프로세서로 재빨리 돌려 고르게 풀어주자. 단, 기계를 너무 오래 돌리면 커스터드가 액화될 수 있으니 주의할 것.

Crème Mousseline Pistache
피스타치오 무슬린 크림

버터 6 ½큰술(90g)
지방을 빼지 않은 전유(全乳) ¾컵(180ml)
달걀노른자 2개 분량

백설탕 ¼컵(50g)
옥수수 전분(옥수수가루) 2큰술(15g)
피스타치오 페이스트 ¼컵(60g)

1 ••• 버터를 실온에 꺼내둔다.
냄비에 우유를 담아 약한 불에 끓인다.

2 ••• 큰 볼에 달걀노른자와 설탕을 넣고 색이 옅어질 때까지 거품기로 잘 젓는다. 옥
수수 전분을 더한다. 냄비 속 뜨거운 우유 중 ⅓을 달걀노른자와 설탕과 옥수수 전분
을 섞어둔 볼에 부어 거품기로 젓는다. 이번에는 이 섞인 반죽을 거꾸로, 우유가 남
아 있는 냄비에 붓는다. 냄비를 다시 불에 올려 거품기로 계속 저어가며 끓인다. 눌
어붙지 않도록 냄비 안쪽에 달라붙는 것을 고무 스패츌러로 잘 긁어내려가며 끓인다.

3 ••• 불에서 내려 10분 정도 식힌다. 델 정도는 아니지만 여전히 뜨거운 정도로 식었을
때 버터의 반을 더해 섞는다. 베이킹 접시에 쏟아 랩을 씌워 식힌다.
크림은 실온(18~20℃)이 되어야 하는데 혹 아직 뜨거운 기운이 남아 있으면 냉장고
에 10분 두어 마저 식힌다.

4 ••• 큰 볼에 크림을 담고 전기 믹서로 부드러운 질감이 날 때까지 휘핑한다. 피스타치
오 페이스트와 남아 있는 버터 반을 더해 완전히 녹아 부드럽게 섞일 때까지 돌린다.

Crème Mousseline au Praliné
프랄린 무슬린 크림

버터 ½컵과 5큰술(185g)
지방을 빼지 않은 전유(全乳) 1 ½컵과 2큰술(380ml)
달걀노른자 3개 분량
백설탕 ½컵과 2큰술(120g)

옥수수 전분(옥수수가루) ¼컵(35g)
아몬드 프랄린 페이스트 90g
헤이즐넛 프랄린 페이스트 35g

1 ••• 버터를 실온에 꺼내둔다.
    냄비에 우유를 담아 약한 불에 끓인다.

2 ••• 큰 볼에 달걀노른자와 설탕을 넣고 색이 옅어질 때까지 거품기로 잘 젓는다. 옥
    수수 전분을 더한다. 냄비 속 뜨거운 우유 중 ⅓을 달걀노른자와 설탕과 옥수수 전분
    을 섞어둔 볼에 부어 거품기로 젓는다. 이번에는 이 섞인 반죽을 거꾸로, 우유가 남
    아 있는 냄비에 붓는다. 냄비를 다시 불에 올려 거품기로 계속 저어가며 끓인다. 눌
    어붙지 않도록 냄비 안쪽에 달라붙는 것을 고무 스패츌러로 잘 긁어내려가며 끓인다.

3 ••• 불에서 내려 10분 정도 식힌다. 델 정도는 아니지만 여전히 뜨거운 정도로 식었을
    때 버터의 반을 더해 섞는다. 베이킹 접시에 쏟아 랩을 씌워 식힌다.
    크림은 실온(18~20℃)이 되어야 하는데 혹 아직 뜨거운 기운이 남아 있으면 냉장고
    에 10분 두어 마저 식힌다.

4 ••• 큰 볼에 크림을 담고 전기 믹서로 부드러운 질감이 날 때까지 휘핑한다. 프랄
    린 페이스트 두 종류와 남아 있는 버터 반을 더해 완전히 녹아 부드럽게 섞일 때까
    지 돌린다.

Coulis de Fraises
딸기 쿨리

꼭지 딴 딸기 2컵(300g)
백설탕 2 ½큰술(30g)
레몬주스 2큰술
물 2큰술

I ••• 블렌더나 푸드 프로세서를 이용해 딸기와 설탕을 함께 갈아 액체 상태로 만든다.

2 ••• 고운 체에 한 번 내려 거르는데, 숟가락으로 눌러주거나 긁어가면서 최대한의 과
육을 얻어낸다. 단, 씨는 들어가지 않도록 한다.
체에 내리는 마지막 단계에서 레몬주스와 물 2큰술을 함께 부어주면 체 사이사이에
끼어 있던 딸기 과육이 좀 더 쉽게 빠져나올 것이다.

3 ••• 딸기 쿨리는 냉장고에 보관한다.

Chef's tip
차갑게 한 딸기 쿨리는 설탕을 살짝 뿌린 딸기, 과일 케이크, 바닐라 아이스크림, 딸기 소
르베와 곁들여내면 좋다.

Coulis de Framboises
라즈베리 쿨리

라즈베리 2 ¼컵(300g)
백설탕 2 ½큰술(30g)
레몬주스 2큰술
물 3큰술

I ••• 블렌더나 푸드 프로세서를 이용해 라즈베리와 설탕을 함께 갈아 액체 상태로 만든다.

2 ••• 고운 체에 한 번 내리는데, 숟가락으로 눌러주거나 긁어가면서 최대한의 과육을 얻어낸다. 단, 씨는 들어가지 않도록 한다.
체에 내리는 마지막 단계에서 레몬주스 2큰술과 물 3큰술을 함께 부어주면 체 사이 사이에 끼어 있던 라즈베리 과육이 좀 더 쉽게 빠져나올 것이다.

3 ••• 라즈베리 쿨리는 냉장고에 보관한다.

Chef's tip
차갑게 한 라즈베리 쿨리는 어떠한 종류의 과일 케이크와도 잘 어울리는데, 여기에 아이스크림이나 소르베까지 함께 곁들여보길 권한다.

Coulis de Passion
패션프루트 쿨리

바나나 ½개
오렌지 2개
백설탕 1 ½큰술(20g)
패션프루트 12개

1 ••• 바나나는 껍질을 벗겨 잘게 썰고 오렌지는 즙을 낸다.
핸드 블렌더나 푸드 프로세서를 이용해 바나나와 오렌지 즙과 설탕을 함께 갈아 액체 상태로 만든다.

2 ••• 숟가락으로 패션프루트의 과육과 씨를 퍼낸다. 씨를 넣어 만들면 보기에 좀 더 예쁜 쿨리가 될 것이다. 물론 씨를 빼고 만들어도 좋다. 씨를 넣지 않는다면 고운 체에 한 번 내린다. 숟가락으로 눌러주거나 긁어가면서 최대한의 과육을 얻어내는데, 씨는 들어가지 않게 한다.

3 ••• 체에 내린 패션프루트 과육을 바나나와 오렌지와 설탕 혼합물에 더해 잘 섞는다. 냉장고에 보관한다.

Chef's tip
패션프루트는 과즙이 그리 많지 않은 과일이라 오렌지 즙을 첨가했으며, 바나나로는 식감을 더했다.

Index

기본 레시피

필리프 앙드리외 Philippe Andrieu

라뒤레 페이스트리 셰프

·····

필리프 앙드리외는 미셸 브라Michel Bras 셰프에게 받은 영향과 여행을 통해 익히고 배운 점들을 무엇 하나 빼놓지 않고 체화하여, 세계적인 제과 명가 라뒤레라는 멋진 무대에서 마음껏 재능을 펼치고 있습니다. 사람들에게 최상의 즐거움을 전하겠다는 목표로, 그는 다양한 맛과 질감을 결합하는 창의적인 작업에 매진하고 있습니다.

피작Figeac에서 태어난 필리프 앙드리외는 어린 시절을 프랑스 남서부 로le Lot 지방의 생 세르그Saint-Cirgues에서 보냈습니다. 어머니와 함께 음식을 만들고 가족이 운영하는 레스토랑 일을 도우면서 차츰 요리 학교에 가야겠다고 마음먹습니다. 15세 때 수이약Souillac에 있는 호텔학교에 입학, 서비스에서부터 요리까지 한 단계씩 배워 나가며 요리사 학위를 받고, 차츰 페이스트리에 대한 자신의 열정을 발견합니다. 페이스트리의 바탕이라 할 수 있는 정확성에 매료된 그는 결국 페이스트리 분야의 학위도 따게 됩니다.

필리프 앙드리외는 자신의 첫 커리어를 가스트로노믹 레스토랑의 페이스트리 요리사로 시작합니다. 스무 살 무렵 4주간의 교육을 마치고 툴루즈Toulouse에 있는 장교 식당 주방 책임자로 군복무를 하며, 군대를 다녀와서는 미슐랭 스타를 받은 여러 레스토랑, 특히 조르주 블랑George Blanc의 레스토랑과 미셸 브라의 레스토랑에서 일했습니다. 그가 '창작의 예술'을 처음 접한 기회는 미셸 브라와 함께 일할 때였습니다. 라귀올Laguiole 마을의 스타 셰프 미셸 브라 곁에 있는 동안 필리프 앙드리외는 쇼콜라 퐁당 비스킷과 버터 누가틴 밀푀유, 치즈 크림 밀푀유에 열중하게 됩니다.

레스토랑 비수기인 겨울에는 우르과이의 휴양지 푼타 델 에스테Punta del Este의 부르고뉴 를래 샤토La Bour-gogne Relais Châteaux에서 일하기로 마음먹고, 필리프 앙드리외는 3년간 우르과이와 프랑스를 오가며 경력을 쌓습니다. 그 후 2년 동안 서울과 부산, 홍콩, 카이로에 페이스트리 숍을 열었으며, 일본에서는 페이스트리 시연을 펼칩니다.

마침내 필리프 앙드리외는 정착의 시간을 맞습니다. 라뒤레의 페이스트리 셰프 자리를 맡기로 한 것입니다. 그는 테스트 키친 감독도 겸해야 했습니다. 필리프 앙드리외는 물류, 관리, 지속적 직원 교육 등을 맡아 처리하는 데에 머물지 않고, 라뒤레 페이스트리 레퍼토리에 다채로움을 더하며 라뒤레를 진화하는 데에 성공합니다. 그가 처음 선보인 초콜릿 마카롱과 각종 페이스트리(루바브와 산딸기 타르트, 하모니, 엘리제 케이크, 블랙 커런트 바이올렛 마카롱, 천일염을 넣은 캐러멜 마카롱, 카카오 열매를 넣은 누가틴 초콜릿 캔디 등)는 금세 라뒤레의 대표 메뉴로 자리 잡았고 현재까지 사랑받고 있습니다.

감사의 인사

라뒤레는 이 책에 참여한 모든 라뒤레 팀께 감사의 마음을 전합니다. 특히 이 책을 위해 자신의 창작물과 레시피를 아낌없이 선보인 필리프 앙드리외 셰프, 테스트 키친 구성 전반을 맡아준 베르트랑 베르니에Bertrand Bernier, 페이스트리를 담당한 니콜라 르두Nicolas Ledoux와 윌리 뫼니에Willy Meunier, 레시피 작성을 담당한 파트릭 살라베리Patrick Sallaberry와 스테파니 뱅상Stéphanie Vincent에게 진심으로 고마운 마음을 전합니다. 스테이션 셰프인 줄리앙 크리스토프Julien Christophe, 프랑크 르누아르Franck Lenoir, 로돌프 브누아Rodolphe Benoit, 뮈리엘 나우Muriel Nau에게도, 홍보팀의 사피아 토마스 벤달리Safia Thomass-Benali, 오드 슐로서Aude Schlosser, 하나코 스치아노Hanako Schiano에게도 고마움을 전합니다.

자신의 멋진 제품을 제공해준 베로니크 빌라레Véronique Villaret와 푸드 스타일리스트 크리스텔 아조르주Christèle Ageorges, 포토그래퍼 소피 트라미에Sophie Tramier에게 감사의 인사를 전합니다.

협찬

벽지와 패브릭: Au Fil des Couleurs / Mauny, Sanderson, Osborne and Little, Les Beaux Draps de Jeannine Cros, Brunschwig et Fils, Designers Guild, Canovas, Farrow and Ball, La Cerise sur le Gâteau

테이블 웨어: Véronique Villaret, The Conran Shop, Astier de Villatte, Mis en Demeure, Sandrine Ganem, 107 Rivoli, Le Bon Marché, Reichenbach, Wedgwood, Tsé-Tsé / Sentou Galerie, Christiane Perrochon / La Forge Subtitle, Laurence Brabant, Caroline Swift, La Boutique, Jars Céramiques, Marc Albert / Ateliers d'Art, Marie Verlet Nezri

페인트: Tollens

프리즈(띠 장식): Sedap

꽃: Marianne Robic

옮긴이 **정혜승**

뉴욕 French Culinary School에서 International Bread Baking을 공부했으며, 현재는 번역과 요리 관련 출판을 하고 있다. 옮긴 책으로는 〈무슈린의 아기〉〈거꾸로 흐르는 강〉〈마이 디어 걸〉〈아이들 없는 세상〉이 있다.

라뒤레 디저트 레시피

2014년 10월 1일 초판 1쇄 발행
2015년 7월 15일 초판 2쇄 발행

지은이 | 필리프 앙드리외
옮긴이 | 정혜승
발행인 | 이원주
발행처 | (주)시공사
출판등록 | 1989년 5월 10일 (제3-248호)

주소 | 서울시 서초구 사임당로 82 (우편번호 137-878)
전화 | 편집 (02)2046-2847 · 영업 (02)2046-2800
팩스 | 편집 (02)585-1755 · 영업 (02)588-0835
홈페이지 | www.sigongsa.com

Original title : Maison fondée en 1862
LADUREE
Fabricant de douceurs
Paris
Sucré
Texts by: Philippe Andrieu
Photographs by: Sophie Tramier
Stylism: Christele Ageorges

Published by Editions du Chêne-Hachette Livre, 2009

©*Editions du Chêne-Hachette Livre, 2009 for the original edition*

All rights reserved.
Korean Translation Copyright © 2014 by Sigongsa Co., Ltd.

This Korean translation edition is published by arrangement with Editions du Chene (Hachette) through KCC(Korea Copyright Center Inc.), Seoul.
이 책의 한국어판 저작권은 한국저작권센터(KCC)를 통해 Editions du Chene (Hachette)와 독점 계약한 (주)시공사에 있습니다.
저작권법에 의해 한국 내에서 보호를 받는 저작물이므로 무단전재와 복제를 금합니다.

ISBN 978-89-527-7141-4 13590

값은 상자에 있습니다.
파본이나 잘못된 책은 구입하신 서점에서 교환해 드립니다.